Pythonによる 問題解決シリーズ

監修：久保幹雄

2

....

錐最適化・整数最適化・ネットワークモデルの組合せによる 最適化問題入門

小林和博 ［著］

近代科学社

[**Python による問題解決シリーズ**]

刊行にあたって

　言わずもがな Python は最近ますます注目を浴びているプログラミング言語である．その理由としては，Python が問題解決に適しているということが挙げられる．そこで本シリーズでは「Python による問題解決」と銘打って，Python 言語を用いて様々な問題を現実的に解決するための方法論について，各分野の専門家に執筆をお願いした．ここで問題解決とは，データサイエンティストがデータ分析をしたり，OR アナリストが最適化を行ったりすることを指す．Python には，パッケージ（モジュール）と呼ばれるライブラリが豊富にあり，それらを気楽に使えるため，問題解決（データ解析，データ可視化，統計解析，機械学習，最適化，シミュレーション，Web アプリケーション開発など）を極めて簡単に，かつ短時間にできるのだ．そのため，Python はデータサイエンティストやアナリストの必須習得言語となってきている．

　Python は欧米から火がついた言語であるので，和書に比べて洋書が圧倒的に多い．そのため，Python に関する書籍は翻訳書が中心になっているが，執筆から翻訳まで時間を要するので，その内容が比較的古くなっているものが散見される．Python は今も活発に改良されているプログラミング言語である．そのため，できるだけ鮮度の良い内容を公開したいために，執筆はすべて日本語での書き下ろしでお願いした．

　最近では，問題解決能力をもったデータサイエンティストやアナリストは引っ張りだこである．執筆者の皆様も大変多忙の中，執筆の時間を作って頂き，感謝する次第である．本シリーズによって，Python を駆使して問題解決を行うことができる人材が増えることを期待している．最後に，本シリーズの企画にご助力頂いた近代科学社フェローの小山氏ならびに研究会の助成をして頂いたグローバル ATC（No.1005304）に感謝したい．

久保幹雄

はじめに

　最適化とは，無数の選択肢の中から，目的に最もかなうものを選び出すことをいう．これは，ビジネス・工学・理学など，様々な分野で用いられる．

　最適化では，数式を用いて問題をうまく表現することが有効である．そうすれば，計算によって最適な選択ができる．そして，その計算のためのソフトウェアも整備されている．本書では，数式を用いて表現した最適化問題を，Python を用いて解く方法を述べている．

　初めて出会った問題を数式でうまく表現するには，複数の典型的な問題を組合せることが有効である．そのためには，典型的な問題と，それらの答えを求める方法を知っておくことが必要である．

　最適化問題には，現在の技術で解ける問題とそうでない問題がある．本書では，解ける問題として，錐線形最適化問題を中心に据えた．錐線形最適化問題は，線形最適化問題（線形計画問題）を一般化したものである．線形最適化問題は最もよく用いられる最適化問題の1つであり，ソフトウェアも整備されている．その一般化である錐線形最適化問題を解くには，より多くの計算が必要となるが，最近ではかなり大規模な問題でも解けるようになっている．

　整数の中から数値を選ぶような最適化問題は，組合せ的な難しさをもつ．ところが，ソフトウェア実装上の様々な工夫により，（理論的な保証は依然としてないものの）かなりのケースで答えが得られるようになってきた．そこで本書では，整数変数を含んだ錐線形最適化問題も，解ける問題として取り上げた．

　また，解こうとする対象による分類として，5つの組合せ最適化問題を取り上げた．いずれも，様々な実務問題をモデル化する際に，便利に用いられるものである．これらの問題に対しては，1つの問題には複数の見方や解き方があることを示すために，複数のモデル化や解き方を示した．

　本書では，1つの同じ問題を複数の異なるパッケージで解くことも行った．解きたい問題を解くことが目的であれば，特定の手法/アルゴリズム/パッケー

ジに拘る理由はない．様々なアプローチの中から，その場に最も適したものを使って目的を成し遂げるほうがよい．

また，プログラムの説明や実行経過の説明は，敢えてしつこく行った．これは，文中に示したプログラムの動きを詳細に追うためである．Python 自体に詳しい読者には冗長に感じられる箇所があるかもしれないが，適宜スキップするとよい．

最後に，本書執筆の機会をくださった，監修の久保幹雄教授（東京海洋大学）と近代科学社の皆様に深謝申し上げる．

2020 年 3 月　小林　和博

サンプルプログラムについて

本書に収録しているプログラムは，書籍の理解を助ける目的のサンプルプログラムである．完全に正しく動作することは保証しない．直接販売することを除き，商用でも無料で利用できる．利用により発生した損害等は，利用者の責任とする．

Licence: Python Software Foundation License

PyQ ™ とのコラボレーション

本書では，オンライン学習サービス PyQ ™（パイキュー）*1 の一部の機能を無料で体験できる．

https://pyq.jp にアクセスし「学習を始める」ボタンをクリックし，画面の案内に従って，キャンペーンコード「start_opt_intro」を入力する．なお，体験するにはクレジットカードの登録が必要となる．

*1 PyQ ™ は，株式会社ビープラウドが提供する有料のサービスである．

目　次

第4章　数式のかたちで分けられる最適化問題

第5章　解こうとする対象による分類

第1章

Python で最適化を行うための環境構築

1.1 Python のインストール

Python に関するドキュメントは,

https://docs.python.org/ja/3/

で見ることができる.

　Python には,Python2 と Python3 がある.Python2 と Python3 では文法が大きく異なる部分があり,Python2 で動作するプログラムでも Python3 ではそのまま動かないものが多い.本書で用いるのは Python3 であるので,Python3 をインストールする必要がある.

　ここでは,上記の Web サイトに書かれたセットアップ手順[*1] を参考に,各プラットフォームでの Python の環境構築について述べる.

　まず,Windows に Python をインストールするには,インストーラを用いればよい.インストーラでインストールできるものには,完全版,Microsoft ストアパッケージなど,いくつかのものがある.ドキュメントを参照し,適切なものを選んでインストールする.

　Linux では,ほとんどのディストリビューションではあらかじめ Python がインストールされている.そうでなくても,Linux パッケージとして利用可能である.また,FreeBSD パッケージとして Python をインストールするには,コマンド入力画面で

```
$pkg install python3
```

とすればよい.

　Mac での Python 環境には注意が必要である.macOS にあらかじめイン

*1 2020 年 3 月の時点では「Python のセットアップと利用」.

ストールされているのは Python2 である.「ターミナル」で

```
$python
```

と入力すると, あらかじめインストールされた Python の実行環境のプロンプトに移るが, ここで実行できるのは, Python2 である[*2]. 例えば, Mac のターミナルで

*2 macOS 10.14.2 では, Python 2.7.10 である.

```
$python -V
```

を実行すると,

```
Python 2.7.10
```

などと表示される.

　Python3 の実行環境を構築するには,

$$\text{https://www.python.org/}$$

の「Downloads」タブから「Mac OS X」を選び, 適切なバージョンの Python3 を別途インストールする必要がある. ここには macOS のためのインストーラも用意されている. インストーラによりインストールを行うと, `/Library/Frameworks/Python.Frameworks/Versions/`に, バージョン名がついたディレクトリ (例えば, 3.7) が作成される. この中の `bin` ディレクトリに, バイナリが入る. この `bin` ディレクトリの中には, Python3 を実行する `python3`, Python のパッケージ管理を行う `pip3`, 統合開発環境を起動する `spyder3`, ブラウザで稼働する実行環境を起動する `jupyter-notebook` などが入っている.

　Mac のパッケージ管理に Homebrew[1] を用いている場合は,

```
$brew install python3
```

を実行することで, Python3 をインストールすることができる.

1.2　パッケージのインストール

　前に述べたように, Python ドキュメントの Web サイト[2] の記述にした

---

1) https://brew.sh/
2) https://docs.python.org/ja/3/

表 **1.1** 本書で用いるパッケージ

パッケージ名	URL	バージョン
Jupyter	http://jupyter.org	1.0.0
PuLP	https://github.com/coin-or/pulp	2.1
NumPy	https://www.numpy.org	1.18.3
Pyomo	http://pyomo.org	5.6.9
PICOS	https://gitlab.com/picos-api/picos	2.0.8
CVXOPT	http://cvxopt.org	1.2.5
NetworkX	http://networkx.github.io/	2.4
matplotlib	https://matplotlib.org/	3.2.1
ECOS	http://github.com/embotech/ecos	2.0.7.post1
SymPy	https://sympy.org	1.5.1
OSMnx	https://github.com/gboeing/osmnx	0.12

がって Python3 をインストールすると，標準的な機能を使うことができるようになる．これらに加えて，別途**パッケージ (package)** をインストールことにより，標準機能以外の様々な処理を行うことができるようになる．これらパッケージの管理には，`pip3` コマンドを用いる．単に，`pip` と入力すると，Python2 のパッケージ管理を行ってしまうことがあるので，注意する必要がある．

　`pip3` をインストールしたら，次のコマンドを実行し，`pip3` 自身を最新版にアップデートする．

```
$pip3 install --user --upgrade pip
```

これが完了したら，本書で用いるパッケージをインストールする．本書で用いるパッケージは表 1.1 に示した．パッケージのインストールには，パッケージを指定して `pip3 install` を実行する．例えば，PuLP をインストールするには，次の命令を実行する．

```
$pip3 install pulp
```

指定したパッケージがすでにインストールされている場合は，その旨が表示され，終了する．インストールされていない場合は，インストールが実行される．この際，必要なファイルを自動でダウンロードするので，インターネット接続が必要である．

　また，すでにインストールされているパッケージを最新版にアップデートするには，パッケージを指定して `pip3 install -U` を実行する．例えば，PuLP を最新版にアップデートするには，

```
$pip3 install -U pulp
```

を実行する.

　本書では, 線形最適化問題・整数線形最適化問題を解くソルバとして, 主に Cbc を用いている. Cbc は Python のパッケージではなく, C++言語で書かれたソフトウェアであるが, PuLP パッケージをインストールすると同時にインストールされる. また, PuLP パッケージとは別にインストールすることもできる. 例えば, Mac でパッケージ管理に Homebrew を用いている場合は,

```
$brew tap coin-or-tools/coinor
$brew install cbc
```

によりインストールすることができる.

　Windows, Linux でインストールする方法は, Cbc の Web サイト [3] に書かれている. Windows であれば, Bintray の Web サイト [4] からダウンロードすることができる. Linux であれば, パッケージとしてインストール可能である. Debian/Ubuntu ディストリビューションであれば, coinor-cbc パッケージとして apt コマンドでインストールできる. また, Fedora ディストリビューションであれば, coin-or-Cbc パッケージとしてインストール可能である.

　このほかに, Python からよび出すソフトウェアとして, GLPK を用いる. Mac でパッケージ管理に Homebrew を用いている場合は,

```
$brew install glpk
```

そのほかの場合は, GLPK の Web サイト

$$http://www.gnu.org/software/glpk/$$

を参照してインストールをする.

1.3　実行環境

　これから本書で示すプログラムは, JupyterLab Version1.2.4 上で作成し, 実行・動作確認を行った. JupyterLab を起動するには, Mac であればターミ

---

[3] https://github.com/coin-or/Cbc
[4] https://bintray.com/coin-or/download/Cbc

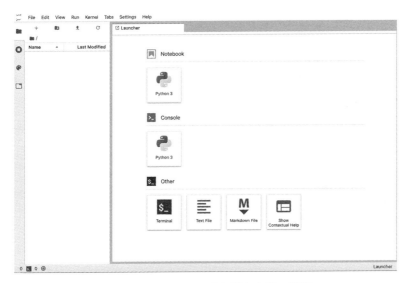

図 1.1　JupyterLab を起動した際の画面

ナル上で

```
$jupyter lab
```

と入力して実行する．すると，ブラウザが立ち上がり，そのブラウザウィンドウ内に，図 1.1 に示すような画面が開かれる．この画面で,「Notebook」の下にある「Python 3」をクリックすると，図 1.2 のような画面に移る．これは，新規に開かれた Notebook が右側に表示されている状態である．左側には，Mac で Finder，Windows でエクスプローラーを用いるときと同じように，現在のディレクトリ（フォルダ）の内容が表示されている．

　右のタブにある細長いスペース（セルとよぶ）に Python の命令を入力し，上部の右三角形ボタンをクリックすると，入力した命令が実行される．例えば，次の命令 [5]

```
%matplotlib inline
import matplotlib.pyplot as plt
plt.plot([1,2,3,4])
plt.ylabel('some numbers')
plt.show()
```

を入力して右三角形ボタンをクリックすると，図 1.3 のような結果が得られ

---

[5] https://matplotlib.org/の Tutorial より引用．一部改変．

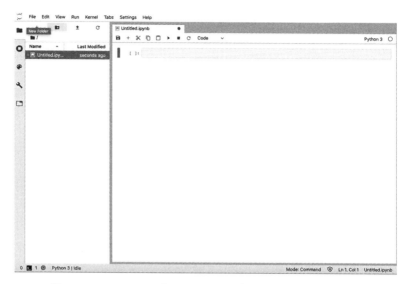

図 1.2　JupyterLab 内で Notebook をクリックした後の画面

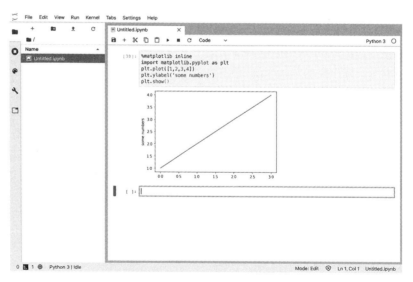

図 1.3　Notebook 内のセルでサンプルプログラムを実行した結果

る．本書に示したプログラムは，この方法で実行すれば動作を確認することができる．JupyterLab のより詳しい使い方は，Web サイト

$$\text{https://jupyterlab.readthedocs.io/}$$

を参照するとよい．

　Python を実行する環境としては，ほかに，Spyder がある．Spyder は，Mac であればターミナルで

```
$spyder3
```

とすると起動する．Windows であれば Windows キーから Spyder を選択することで起動できる．Spyder は，科学技術計算のために作られた，いわゆる統合開発環境である．Spyder 内では，コード編集，実行，デバッグ，プロファイリングなどを行うことができる．

第2章
数理最適化問題の分類方法

数理最適化問題 (mathematical optimization problem) では，数式を用いて解きたい問題を表現する．このときに用いる数式のかたちによって，数理最適化問題を分類することができる．こうして分類したもののそれぞれを，問題の**クラス**とよぶ．また，解こうとする実際の問題の構造に注目した分類も可能である．この章では，数式のかたちによる分類と，解こうとする対象による分類方法を述べる．さらに，そうして分類した各問題の特徴を述べる．

▌2.1 数式のかたちによる分類

数理最適化問題は，制約条件を満たすものの中で，**目的関数 (objective function)** を最も小さく（または大きく）する問題である．一般に，次のように表される．

$$
\begin{array}{ll}
\text{最小化} & f_0(\boldsymbol{x}) \\
\text{制約} & f_i(\boldsymbol{x}) \leq 0 \quad (i = 1, 2, \ldots, m).
\end{array}
$$

ここで，$\boldsymbol{x} \in \mathbb{R}^n$ は n 次元の実数ベクトルであり，**決定変数 (decision variable)** とよぶ．$f_i(\boldsymbol{x})$ $(i = 0, 1, \ldots, m)$ は $\boldsymbol{x}$ の関数とする．

$f_i(\boldsymbol{x}) \leq 0$ $(i = 1, \ldots, m)$ を**制約式 (constraints)** とよび，$f_0(\boldsymbol{x})$ を目的関数とよぶ．制約式を満たすベクトル $\boldsymbol{x}$ のことを**実行可能解 (feasible solution)** とよぶ．また，$f_0(\boldsymbol{x})$ のとりうる最小（最大）の値を**最小値 (minimum value)**（**最大値 (maximum value)**）とよび，実行可能解の中で最小値（最大値）を実現するものを，**最適解 (optimal solution)** とよぶ．最小値と最大値をまとめて**最適値 (optimal value)** とよぶ．

最適解ではない実行可能解 x の中で，目的関数の値 $f(x)$ が最適値に近い
ものを，**近似最適解 (near-optimal solution)** とよぶ.

2.1.1　線形最適化問題

目的関数が線形で，かつ，制約式も線形である最適化問題を，**線形最適化
問題 (linear optimization problem)** とよぶ[*1]. 線形最適化問題は効率的
に解くことができる．線形最適化問題は次のように表される.

[*1] 線形計画問題 (linear program) ともよぶ.

$$\begin{array}{ll} \text{最小化} & c \cdot x \\ \text{制約} & Ax = b, \\ & x \geq 0. \end{array}$$

ここで，$c \in \mathbb{R}^n$ は n 次元の実ベクトル，$x \in \mathbb{R}^n$ も n 次元の実ベクトル，
$A \in \mathbb{R}^{m \times n}$ は $m \times n$ の実行列，$b \in \mathbb{R}^m$ は m 次元の実ベクトルとする．また，
$x \geq 0$ は x の各要素 x_i が非負であることを表す．さらに，ベクトル $x, y \in \mathbb{R}^n$
に対して $x \cdot y$ は $\sum_{i=1}^n x_i y_i$ で定義される通常の**内積 (inner product)** とす
る．この定式化での制約式 $Ax = b$ を m 本の制約に分けると，次のように書
くことができる.

$$\text{制約} \quad a_i \cdot x = b_i \quad (i = 1, 2, \ldots, m).$$

ここで，$a_i \in \mathbb{R}^n$ は n 次元の実ベクトルであり，行列 A の第 i 行を表し，b_i
は b の第 i 成分を表すものとする．すなわち，制約式 $Ax = b$ は，m 本の制
約式 $a_i \cdot x = b_i$ を並べたものとみることができる.

線形最適化問題の例として，次のものを挙げる.

$$\begin{array}{llllllllllll} \text{最小化} & 3x_1 & - & 2x_2 & - & x_3 & + & x_4 \\ \text{制約} & x_1 & - & 2x_2 & + & x_3 & - & x_4 & + & x_5 & = & 5, \\ & 2x_1 & - & 4x_2 & - & x_3 & - & x_4 & - & x_5 & = & 1, \\ & x_1, x_2, x_3, x_4, x_5 \geq 0. \end{array}$$

線形最適化問題は，目的関数と制約式を**線形関数 (linear function)** に限っ
ている．これは，非常に強い制限に見えるが，実際には様々な問題を定式化
することができる．定式化のための様々な手法が長年にわたる研究で開発・
蓄積されてきたからである.

線形最適化問題は，効率的に解を求めることができる．主な解法として，**単
体法 (simplex method)** と**内点法 (interior-point method)** が知られてい

る [14]. 内点法は, **多項式時間アルゴリズム (polynomial-time algorithm)** である [8]. これに対して, 単体法は多項式時間アルゴリズムではない. しかし, 長い発展の中で単体法における様々な計算手順が洗練され, 実用的には十分に効率的に最適解を求めることができる.

　線形最適化問題が 1 つあると, それと同じデータを用いてもう 1 つの線形最適化問題が定義される. いま, 次に示す線形最適化問題が与えられたとする. ここで, 制約式は不等式で書かれているとする.

$$
\begin{array}{ll}
最小化 & c \cdot x \\
制約 & Ax \geq b, \\
& x \geq 0.
\end{array} \tag{2.1}
$$

線形最適化問題 (2.1) を, **主問題 (primal problem)** とよぶことにする. 主問題を定めるデータ $A \in \mathbb{R}^{m \times n}, b \in \mathbb{R}^m, c \in \mathbb{R}^n$ によって, 次に述べるようにもう 1 つの異なる形の線形最適化問題が定まる.

　線形最適化問題 (2.1) の最初の制約式の両辺を転置したベクトルと, 新しく導入する非負ベクトル $y \in \mathbb{R}_+^m$ との積をとる. すると, 次の式が得られる.

$$
(Ax)^\top y \geq b^\top y, \; y \geq 0.
$$

この最初の不等式を, 次のように変形する.

$$
(Ax)^\top y \geq b^\top y \;\; \Leftrightarrow \;\; y^\top (Ax) \geq b^\top y \;\; \Leftrightarrow \;\; (y^\top A) x \geq b^\top y.
$$

これより, 新しく導入した y が $c \geq A^\top y$ を満たすならば, 次の関係が成り立つことがわかる.

$$
c^\top x \geq (A^\top y)^\top x \geq b^\top y.
$$

すなわち, $c \geq A^\top y$ を満たす $y \geq 0$ に対しては, $b^\top y$ が $c^\top x$ の**下界 (lower bound)** を与える. したがって, できるだけ良い下界を求める問題は, 次の線形最適化問題として定式化される.

$$
\begin{array}{ll}
最大化 & b^\top y \\
制約 & c \geq A^\top y, \\
& y \geq 0.
\end{array} \tag{2.2}
$$

この線形最適化問題 (2.2) を, 問題 (2.1) の**双対問題 (dual problem)** とよぶ. 主問題 (2.1) の実行可能解 x と双対問題 (2.2) の実行可能解 y との間に

は，次の関係が成り立つ．

$$\boldsymbol{c}^\top \boldsymbol{x} \ge \boldsymbol{b}^\top \boldsymbol{y}.$$

これを，**弱双対定理 (weak duality theorem)** という．

　また，主問題が最適解をもつならば，双対問題も最適解をもち，そのときの双対問題の最適値は主問題の最適値に等しい．これを，**強双対定理 (strong duality theorem)** という [14]．これより，線形最適化問題 (2.1) の最適値を求めるために，かわりに双対問題 (2.2) の最適値を求めてもよいということがわかる．つまり，どちらか解きやすいほうを解けばよい．

2.1.2　錐線形最適化問題

線形最適化問題

$$
\begin{array}{ll}
\text{最小化} & \boldsymbol{c} \cdot \boldsymbol{x} \\
\text{制約} & A\boldsymbol{x} = \boldsymbol{b}, \\
& \boldsymbol{x} \ge \boldsymbol{0}.
\end{array}
$$

には，$\boldsymbol{x} \ge \boldsymbol{0}$ という条件が含まれている．これは，ベクトル $\boldsymbol{x}$ の成分 x_j がすべて非負という条件である．そこで，非負象限を表す集合

$$\mathcal{K} = \{\boldsymbol{x} \mid x_j \ge 0 \ (j = 1, 2, \ldots, n), \boldsymbol{x} \in \mathbb{R}^n\}$$

を定義すると，線形最適化問題は，次のように表すことができる．

$$
\begin{array}{ll}
\text{最小化} & \boldsymbol{c} \cdot \boldsymbol{x} \\
\text{制約} & A\boldsymbol{x} = \boldsymbol{b}, \\
& \boldsymbol{x} \in \mathcal{K}.
\end{array}
$$

非負象限を表す集合 $\mathcal{K}$ は，**錐 (cone)** とよばれるものの 1 つの例となっている [15]．このように捉えると，線形最適化問題は，$A\boldsymbol{x} = \boldsymbol{b}$ を満たす錐 $\mathcal{K}$ の要素 $\boldsymbol{x}$ に対して，$\boldsymbol{c} \cdot \boldsymbol{x}$ の最小値を求める問題とみなすことができる．この観点から，線形最適化問題を一般化した**錐線形最適化問題 (conic linear optimization problem)** を定義することができる [14]．

　$\mathcal{K}$ を，内点を持ち直線を含まない $\mathbb{R}^n$ 上の**閉凸錐 (closed convex cone)** とし，$\mathcal{K}^*$ をその**双対錐 (dual cone)**

$$\mathcal{K}^* = \{\boldsymbol{s} \in \mathbb{R}^n \mid \langle \boldsymbol{s}, \boldsymbol{x} \rangle \ge 0, \ \boldsymbol{x} \in \mathcal{K}\}$$

とする．ここで，$\langle \boldsymbol{u}, \boldsymbol{v} \rangle$ は $\boldsymbol{u}, \boldsymbol{v}$ に対して定義された適当な内積とする．このとき，$\mathcal{K}^*$ も内点をもち，直線を含まない凸錐となる．このような $\mathcal{K}$ を用いて，錐線形最適化問題を次のように定義する．

$$
\begin{array}{ll}
\text{最小化} & \langle \boldsymbol{c}, \boldsymbol{x} \rangle \\
\text{制約} & \langle \boldsymbol{a}_i, \boldsymbol{x} \rangle = b_i \quad (i = 1, 2, \ldots, m), \\
& \boldsymbol{x} \in \mathcal{K}.
\end{array}
$$

そして，この問題の双対問題は，次で定義される．

$$
\begin{array}{ll}
\text{最大化} & \boldsymbol{b}^\top \boldsymbol{y} \\
\text{制約} & \boldsymbol{s} = \boldsymbol{c} - \displaystyle\sum_{i=1}^{m} y_i \boldsymbol{a}_i^\top, \\
& \boldsymbol{s} \in \mathcal{K}^*.
\end{array}
$$

$\mathcal{K}$ として非負象限をとると線形最適化問題に，二次錐 (second-order cone) をとると**二次錐最適化問題 (second-order cone optimization)** に，半正定値行列 (semidefinite matrix) からなる錐をとると**半正定値最適化問題 (semidefinite optimization problem)** になる．

(a) 二次錐最適化問題

二次錐は，閉凸錐の 1 つの例である．二次錐は次で定義される．

$$
\mathcal{K}_p = \left\{ \boldsymbol{x} \,\middle|\, x_1 \geq \sqrt{x_2^2 + x_3^2 + \cdots + x_n^2} \right\}.
$$

ただし，$\boldsymbol{x} = (x_1, x_2, \ldots, x_n) \in \mathbb{R}^n$ とする．錐 $\mathcal{K}$ を $\mathcal{K}_p$ とし，内積 $\langle \boldsymbol{u}, \boldsymbol{v} \rangle$ を通常のベクトルの内積 $\langle \boldsymbol{u}, \boldsymbol{v} \rangle = \sum_{j=1}^{n} u_i v_i$ としたものが，二次錐最適化問題である．

(b) 半正定値最適化問題

半正定値行列錐 (positive semidefinite cone) も，閉凸錐の 1 つの例である．半正定値行列錐は，次のように定義される．

$$
S_+^n = \left\{ X \in \mathbb{R}^{n \times n} \,\middle|\, X = X^\top, \boldsymbol{v}^\top X \boldsymbol{v} \geq 0, \quad \forall \boldsymbol{v} \in \mathbb{R}^n \right\}.
$$

錐 $\mathcal{K}$ を S_+^n とし，内積 $\langle U, V \rangle$ を行列の内積 $\langle U, V \rangle = \sum_{i=1}^{n} \sum_{j=1}^{n} U_{ij} V_{ij}$ としたものが，半正定値最適化問題である．

▍2.1.3　混合整数最適化問題

数理最適化問題のうち，変数の一部に整数であることが課されている問題を**混合整数最適化問題** (mixed-integer optimization problem) という．整数変数を含んでいるため組合せ的な難しさがあり，一般の問題は解くことが難しい．しかし，**整数変数** (integer variables) は様々な問題を定式化する際に便利に用いることができる．そこで，整数変数を含んだ問題も何とか解こうとする研究が様々に行われてきた．特殊な構造を持った問題の中には，その構造を活用することによって最適解が効率的に求められるものがある．そうではない一般の問題に対しては，**分枝限定法** (branch-and-bound method) がよく用いられる．現在利用可能な混合整数最適化ソルバ[*2] でも，分枝限定法がよく用いられる．

混合整数最適化問題は，整数変数を連続変数に**緩和** (relax) した最適化問題によって，よび分けられることが多い [15]．例えば，整数変数を緩和した問題が線形最適化問題であれば**混合整数線形最適化問題** (mixed-integer linear optimization problem)，二次錐最適化問題であれば**混合整数二次錐最適化問題** (mixed-integer second-order cone optimization problem)，半正定値最適化問題であれば**混合整数半正定値最適化問題** (mixed-integer semidefinite optimization problem) とよばれる．

分枝限定法では，もとの問題の**緩和問題** (relaxation problem) の情報が有効に用いられる．この緩和問題としてよく用いられるのが，整数変数を連続変数に緩和した問題である．これを，**連続緩和問題** (continuous relaxation problem) または**連続緩和** (continuous relaxation) とよぶ．

(a)　混合整数線形最適化問題

混合整数線形最適化問題 (mixed-integer linear optimization problem) は，線形最適化問題の変数の一部に整数条件が課された問題である．この問題は，長い年月にわたってよく研究されており，現在利用可能なソルバを用いると，かなり大きな問題でも十分に高速に解けるようになっている．しかし，問題例によっては非常に長い計算時間[*3] がかかる場合もある．

この問題を解くアルゴリズムの研究と並んで，この問題を様々な問題の定式化に利用するテクニックも十分に蓄積されている．そのおかげで，線形関数のみを用いているにもかかわらず，かなり広範な条件や目的を記述することができるようになっている．

*2 ソルバとは，数理最適化問題の最適解を得るアルゴリズムを実装したソフトウェアのことをいう．

*3 数日以上かかる場合もある．

混合整数線形計画問題は，一般に次の形で書かれる.

$$
\begin{array}{ll}
\text{最大化} & \boldsymbol{b}^\top \boldsymbol{y} \\
\text{条件} & \boldsymbol{c} - \displaystyle\sum_{i=1}^{m} y_i \boldsymbol{a}_i^\top \geq \boldsymbol{0}, \\
& \ell_i \leq y_i \leq u_i \qquad (i = 1, 2, \ldots, m), \\
& y_i : \text{整数} \qquad (i \in I \subseteq \{1, 2, \ldots, m\}).
\end{array}
$$

ただし，$\boldsymbol{c} \in \mathbb{R}^n, \boldsymbol{x} \in \mathbb{R}^n, \boldsymbol{a}_i \in \mathbb{R}^n$ である.最後の条件は，m 次元ベクトル $\boldsymbol{y}$ の成分 y_i のうち，添字 i が $I \subseteq \{1, 2, \ldots, m\}$ に入るものは整数であることを課す.

この問題は，整数条件を緩和する[*4] と，線形最適化問題となる.線形最適化問題は，相当大規模なものでも安定して効率よく解けると考えてよい[*5].つまり，混合整数線形最適化問題は，その連続緩和問題が十分高速に解ける.したがって，整数線形最適化問題に対する分枝限定法も，十分に高速に実行できる場合が多い.

[*4] 整数条件を取り除く.

[*5] 例外はある.

(b) 混合整数二次錐最適化問題

混合整数二次錐最適化問題 (mixed-integer second-order cone optimization problem) は，変数の一部に整数条件が課された二次錐最適化問題のことである.

$$
\begin{array}{ll}
\text{最大化} & \boldsymbol{b}^\top \boldsymbol{y} \\
\text{制約} & \boldsymbol{c} - \displaystyle\sum_{i=1}^{m} y_i \boldsymbol{a}_i^\top \succeq_{\mathbb{S}} \boldsymbol{0}, \\
& \ell_i \leq y_i \leq u_i \qquad (i = 1, 2, \ldots, m), \\
& y_i : \text{整数} \qquad (i \in I \subseteq \{1, 2, \ldots, m\}).
\end{array}
$$

この問題の整数条件を緩和したものは，二次錐最適化問題となる.最近では，二次錐最適化問題の解法・ソルバが十分に成熟してきて，大規模な問題も高速に解けるようになってきた.したがって，二次錐最適化問題に整数条件を課した混合整数二次錐最適化問題も，実用的な時間で解ける段階になってきた.実際，MOSEK, CPLEX, Gurobi など，混合整数二次錐最適化問題を解くことのできるソルバも発表されている.このような背景により，この頃では混合整数二次錐最適化問題をモデル化に用いた研究や事例がよく見られるようになってきた.ただし，混合整数線形最適化問題と比べると，解ける問

題のサイズは小さく，計算効率も十分に良いとは言えない．混合整数二次錐最適化問題の研究は，比較的歴史が浅く，解法・実装ともこれから発展の余地は残されていると考えられる．

(c)　混合整数半正定値最適化問題

　混合整数半正定値最適化問題 (mixed-integer semidefinite optimization problem) は，変数の一部に整数条件が課された半正定値最適化問題である．

$$
\begin{aligned}
&\text{最大化} \quad \boldsymbol{b}^\top \boldsymbol{y} \\
&\text{制約} \quad C - \sum_{i=1}^{m} y_i A_i \succeq O, \\
&\qquad\quad \ell_i \leq y_i \leq u_i \qquad (i = 1, 2, \ldots, m), \\
&\qquad\quad y_i : \text{整数} \qquad\qquad (i \in I \subseteq \{1, 2, \ldots, m\}).
\end{aligned}
$$

ここで，$X \succeq O$ は実対称行列 X が半正定値である[*6] ことを表している．半正定値最適化問題を解くには，行列の計算が多く必要となるため，多くの計算量が必要となる．しかし，問題の構造を活かしたアルゴリズムの改善や，行列の**疎性 (sparsity)** [*7] を活かした効率的な定式化・実装の研究が進み，最近では大規模な問題が解けるようになってきた．これに伴い，混合整数二次錐最適化問題と同じように，最近では混合整数半正定値最適化問題の解法や適用事例の発表が見られるようになってきた．半正定値最適化問題を用いると，行列や**固有値 (eigenvalue)** に関する条件を記述することができるので，システムの安定性に関わる最適化問題などをうまくモデル化することができる．

[*6] $n \times n$ 実対称行列 X が半正定値であるとは，任意の $\boldsymbol{u} \in \mathbb{R}^n$ に対して X に関する二次形式 $\boldsymbol{u}^\top X \boldsymbol{u}$ が非負となる場合をいう．

[*7] 行列の要素の多くが 0 である行列を，疎であるという．

2.2　解こうとする対象による分類

　数理最適化問題は，様々な分野の問題のモデル化に用いられる．その際に，ベースとして用いられる典型的な問題がいくつかある．実務で遭遇する問題は，複雑なものが少なくなく，このような問題を一気にひとつのモデルとして書き下すことは難しい．このような場合でも，問題を観察し，適切に分解することで，典型的な問題の組合せとしてモデル化できる可能性がある．この節では，よく用いられるいくつかの典型的な問題について述べる．

2.2.1 集合分割問題

集合分割問題 (set partitioning problem) は，与えられた集合 S を，その部分集合に分割する問題である．例えば，集合

$$S := \{A, B, C, D, E, F\}$$

を，その 2 つの部分集合に重複なくもれなく分割する方法として，次の S_1 と S_2 への分割が挙げられる．

$$S_1 := \{A, B, C\}, S_2 := \{D, E, F\}.$$

ほかに，次の S_3 と S_4 への分割も挙げられる．

$$S_3 := \{A, D\}, S_4 := \{B, C, E, F\}.$$

一般に，集合 S が n 個の要素からなり，それらの要素に $1, 2, \ldots, n$ と番号（名前）をつけるとする．

$$S := \{1, 2, \ldots, n\}.$$

この集合の部分集合は，全部で 2^n 個ある[*8]．集合分割問題では，これらすべての部分集合を採用候補としてもいいし，それらの一部のみを候補としてもよい．ここで，各部分集合にはそれぞれコストが関連づけられているとする．すなわち，部分集合 j を採用するとコスト c_j がかかる，という具合である．このとき，もとの集合 S の各要素がいずれかの部分集合にちょうど 1 回ずつ含まれる部分集合の選び方の中で，コストの和が最も小さいものを求める，という問題が集合分割問題である．

例として，$S := \{A, B, C\}$ とし，そのすべての部分集合を候補とする集合分割問題を扱う．集合 S の部分集合は全部で $2^3 = 8$ つある．これら 8 つの部分集合のそれぞれに対して，表 2.1 に示したコストが関連づけられているとする．こうすると，例えば，部分集合 $\{A\}$ と $\{B, C\}$ を選んだときのコストは $7 + 4 = 11$ となり，$\{C\}$ と $\{A, B\}$ を選んだときのコストは $8 + 6 = 14$ となる．このような様々な選び方の中で，コストが最も小さくなるものを求めるのが集合分割問題である．

表 **2.1** 部分集合のコストの例

$\emptyset$	{A}	{B}	{C}	{A,B}	{A,C}	{B,C}	{A,B,C}
0	7	8	8	6	5	4	9

集合分割問題は，スケジューリング問題や配送計画問題のほか，多様な問題のモデル化に用いることができる．また，整数線形最適化問題として定式化することで既存のソルバを用いて解くことができるのに加え，性能の良いメタ解法 (metaheuristics) [*9] も存在する．

*9 必ずしも厳密な最適解が得られるとは限らないが，多くの問題例に対して最適解に近い答えを出すと考えられる計算手順を指す．メタヒューリスティックスともいう．

2.2.2　ナップサック問題

ナップサック問題 (knapsack problem) は，大きさの決まったナップサックにアイテムを詰め込む問題を扱う．詰め込むアイテムの組合せはたくさんあるが，ナップサックの大きさが決まっているのですべてを詰め込むことはできない．たくさんある詰め込み方の中で，その価値が最も大きくなるものを求めるのがナップサック問題である．

(a)　0-1 ナップサック問題

0-1 ナップサック問題 (0-1 knapsack problem) では，あるアイテムは 1 つしか入れることができない．例えば，チョコレート，キャンディ，クッキーの中からナップサックに入れるものを決めたいとき，1 つのチョコレートを入れるか入れないか，1 つのキャンディを入れるか入れないか，1 つのクッキーを入れるか入れないか，を決めるのが 0-1 ナップサック問題である．どのお菓子も 2 つ以上を入れることはできない．

0-1 ナップサック問題は数式で表すと便利である．いま，ナップサックに入れるアイテムの候補が n 種類あるとする．そして，アイテムには，$1, 2, \ldots, n$ と，1 から n まで番号がついている．アイテム i の重量を w_i，価値を v_i と表す．さらに，ナップサックに入れることのできる重量の合計を W とする．このとき 0-1 ナップサック問題は，次の数理最適化問題として表される．

$$
\begin{aligned}
\text{最大化} \quad & \sum_{i=1}^{n} v_i x_i \\
\text{制約} \quad & \sum_{i=1}^{n} w_i x_i \leq W, \\
& x_i \in \{0, 1\} \qquad (i = 1, 2, \ldots, n).
\end{aligned}
\tag{2.3}
$$

ここで x_i は，アイテム i をナップサックに入れるとき 1，入れないとき 0 となる 0-1 変数である．この最適化問題 (2.3) は **0-1 整数線形最適化問題 (0-1 integer linear optimization problem)** である．したがって，汎用の整数線形最適化ソルバを用いて解くことができる．加えて，問題の構造を利用し

た，より効率の良い解法も知られている．

(b) 整数ナップサック問題

整数ナップサック問題 (integer knapsack problem) では，ナップサックに入れる各アイテムの数は 2 個以上でよい．整数ナップサック問題の例として，W の重量制限のあるナップサックに n 個のアイテムを詰め込む問題を扱う．ここで，0-1 ナップサック問題のときと同じように，アイテム i の重量を w_i，アイテム i の価値を v_i と表すことにする．ナップサックに入れるアイテム i の数を表す整数変数 x_i を用いると，整数ナップサック問題は次の整数最適化問題として定式化できる．

$$
\begin{aligned}
\text{最大化} \quad & \sum_{i=1}^{n} v_i x_i \\
\text{制約} \quad & \sum_{i=1}^{n} w_i x_i \leq W, \\
& x_i \text{は 0 以上の整数} \quad (i = 1, 2, \ldots, n).
\end{aligned}
$$

この問題は，汎用の整数最適化ソルバで解くことができる．また，**動的計画法 (dynamic programming)** を用いた効率的な解法が知られている [11]．

2.2.3　ネットワーク最適化問題

ネットワーク最適化問題 (network optimization problem) は，ネットワーク (network) とよばれる数学的対象の上で，何らかの目的関数を最適化する問題のことを指す．ネットワークはしばしば**グラフ (graph)** ともよばれる．本書では，ネットワークという語とグラフという語は特に区別せずに用いることにする．

さて，グラフには向きを考える**有向グラフ (directed graph)** と，向きを考えない**無向グラフ (undirected graph)** がある．まず，有向グラフを定義する．

いま，V を集合，$A \subseteq V \times V$ を V の要素からなる**順序対 (ordered pair)** [*10] の集合とする．有向グラフとは，これらを用いて (V, A) として与えられるもののことをいう．

有向グラフの例を示す．まず，V として，

$$
V = \{1, 2, 3, 4, 5\}
$$

[*10] 2 つの元 a, b から成る集合を，順序を考慮に入れて，a を先に，b をあとに書いて (a, b) のように表したとき，これを順序対という．

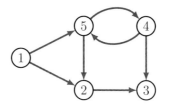

図 **2.1**　有向グラフの例

を用いる．この V の要素からなる順序対 $V \times V$ は，5×5 の 25 通りある．この 25 通りからいくつかを取り出したものが，A の要素となる．例えば，

$$A = \{(1,2), (1,5), (2,3), (4,3), (4,5), (5,2), (5,4)\}$$

は有向グラフを定める順序対の集合になる．これらの V と A を用いて，1 つの有向グラフ (V, A) が定義できる．この有向グラフを図示したのが，図 2.1 である．

　有向グラフで用いる用語を述べる．集合 V と順序対の集合 $A \subseteq V \times V$ で定義される有向グラフを $G = (V, A)$ と表すことにする．V の要素を G の**頂点 (node)**，A の要素を G の**弧 (arc)**，V を G の**頂点集合 (nodeset)**，A を G の**弧集合 (arcset)** とよぶ．弧 $(u, v) \in A$ に対して，u はその始点，v はその終点とよぶ．例えば，図 2.1 では，頂点 2 は弧 $(2,3)$ の始点，頂点 3 は弧 $(2,3)$ の終点である．

　さて，無向グラフでは，有向グラフの弧と異なり頂点の対に向きを考えない．無向グラフとは，順序対 (V, E) で，V は集合，$E \subseteq 2^V$ は V の要素数 2 の部分集合の集合であるもののことをいう．なお，集合 S の**べき集合 (power set)** 2^S とは，S のすべての部分集合からなる集合のことである．例えば，集合 $S = \{1, 2, 3\}$ とすると，そのべき集合 2^S は，$\{\emptyset, \{1\}, \{2\}, \{3\}, \{1,2\}, \{1,3\}, \{2,3\}, \{1,2,3\}\}$ である．2^S の要素数は $2^{|S|} = 2^3 = 8$ となる．これは，べき集合の各要素を定めるには，各要素を入れるか入れないかを決めればよいことからわかる．例えば，$\{1, 3\}$ は，1 を入れる，2 を入れない，3 を入れることにより定まる要素である．

　ここで，無向グラフの例を示す．集合 V は $V = \{1, 2, 3, 4, 5\}$ とする．集合 E は，集合 V の要素から 2 つを取り出してできる集合を要素とする．例えば，

$$E = \{\{1,2\}, \{1,5\}, \{2,3\}, \{2,4\}, \{2,5\}, \{3,4\}, \{3,5\}, \{4,5\}\}$$

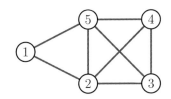

図 **2.2**　無向グラフの例

がその例となる．これら 2 つの集合 V, E によって，図 2.2 に示す無向グラフ
が定められる．

　無向グラフで用いる用語を述べる．集合 V と集合 E で定義される無向グラ
フを $G = (V, E)$ と表すことにする．V の要素を G の頂点，V を頂点集合とよ
ぶのは有向グラフのときと同じである．一方で，E の要素は G の**辺 (edge)**，
E は G の**辺集合 (edge set)** とよぶ．辺 $\{u, v\} \in E$ に対して，u と v をその
端点 (endpoints) とよぶ．ここでは有向グラフのときと違って，頂点 u と v
はよび方を区別していないことに注意する．頂点 v が辺 e の端点であるとき，
v は e に**接続 (connect)** するという．頂点 u と v が辺をなすとき，u と v は
隣接 (adjacent) するという．上に示した例では，頂点 2, 3 は辺 $\{2, 3\}$ の端
点であり，頂点 2 は辺 $\{2, 3\}$ に接続する．また，頂点 2 と頂点 3 は隣接する．

(a)　最短路問題

　最短路問題は，身近なネットワーク最適化問題の 1 つである．読者も日々ス
マートフォンなどで用いているであろう経路検索は，**最短路問題 (shortest
path problem)** の実用例の 1 つである．例えば，ある経路検索サイトで，「出
発駅: 表参道」「到着駅: 淵野辺駅」と入力して経路を検索すると，次の経
路が表示された[*11]．

1. 表参道 → 代々木上原 → 町田 → 淵野辺　（49 分，680 円，乗換 2 回）
2. 表参道 → 長津田 → 淵野辺　（53 分，700 円，乗換 1 回）
3. 表参道 → 町田 → 淵野辺　（54 分，680 円，乗換 1 回）

運賃が安いのは経路 1 と 3，乗換回数が少ないのは経路 2 と 3 であることがわ
かる．利用者はこれらの中から自分の目的にあった経路を選べばよい．また，
多くの経路検索では，費用，所要時間，乗換回数などのうちどれを優先して
検索するかを指定することができる．このような経路検索の際には，最短路
問題とそのバリエーションが用いられていると考えられる．ここでは，最も

[*11] 著者の勤務する大学
の青山キャンパスは東京
都渋谷区にあり，最寄駅
は表参道駅である．もう
1 つの相模原キャンパス
は神奈川県相模原市にあ
り，最寄駅は淵野辺駅で
ある．著者の勤務する理
工学部は，相模原キャン
パスにある．

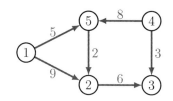

図 **2.3** 弧に費用が関連づけられた有向グラフの例

基本的な最短路問題を述べる.

　最短路問題は，有向グラフ上で定められる最適化問題である．いま，有向グラフ $G = (V, A)$ が与えられたとする．さらに，各弧 $(i, j) \in A$ に対してその**費用 (cost)** c_{ij} が与えられたとする．この費用 c_{ij} は，応用によって i から j の移動にかかる時間や金額などに対応づけるとよい．有向グラフ $G = (V, A)$ における弧の列 $e_1, e_2, \ldots, e_k$ $(e_i \in A)$ で，隣り合う 2 つの弧 e_i と e_{i+1} については e_i の終点と e_{i+1} の始点が一致しているものを，**路または経路 (path)** とよぶ．例えば，図 2.3 に示した有向グラフにおいて，

$$(1, 5), (5, 2), (2, 3)$$

は 1 から 3 への路の例である．路の費用は，路に含まれる弧の費用の和として定められるので，この例の路の費用は，$c_{15} + c_{52} + c_{23} = 5 + 2 + 6 = 13$ となる.

　最短路問題では，頂点集合 V の要素の中に，始点 $s \in V$ を定める．この始点 s から，それ以外のすべての頂点それぞれに対して，費用が最小となる経路を求める問題が，最短路問題である.

(b) 最大流問題

　最短路問題では，弧 (i, j) に費用 c_{ij} が与えられていたが，**最大流問題 (maximum flow problem)** では**容量 (capacity)** が与えられる．この容量は，その弧を通ることができる**流量 (flow)** の最大値を表す．流量は，**フロー** ともいう．例えば，有向グラフが水道管ネットワークを表しているとすると，弧の容量は 2 点間の水道管の太さに，流量は 2 点間を流れる水量に対応づけられる．または，有向グラフが道路網ネットワークを表しているとすると，容量はある交差点から隣の交差点までを同時に走ることのできる車の台数の最大値に，流量は同時に走る車の台数に対応づけられる.

　最大流問題は，有向グラフ上のある与えられた点（**始点 (source)** とよぶ）

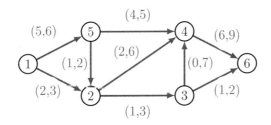

図 2.4 弧に容量が関連づけられた有向グラフの例 1

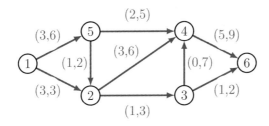

図 2.5 弧に容量が関連づけられた有向グラフの例 2

から, 別の与えられた点 (**終点 (sink)** とよぶ) に流すことのできる流量の最大値を求める問題である. 図 2.4 に, 各弧に容量が関連づけられた有向グラフの例を示した. 各弧のそばに書かれた数字のペアのうち, 最初の数値がその弧を流れる流量を, 2 番目の数値がその弧の容量を表す. 例えば, 弧 $(1,5)$ のそばには $(5,6)$ というペアが書かれているが, これは容量が 6 の弧 $(1,5)$ 上を, 5 の流量が流れていることを表している. この例の有向グラフにおいて, 始点を 1, 終点を 6 とすると, 始点から終点まで流れる流量は, 7 であることがわかる. 実際, 始点から出る流量は, 弧 $(1,5)$ 上に 5, 弧 $(1,2)$ 上に 2 であり, 途中の頂点 $2,3,4,5$ では入ってきた流量と同じ量が出ていき, 最終的に終点 6 には, 弧 $(4,6)$ から 6 の, 弧 $(3,6)$ から 1 の流量が入っている. これより, 始点を出た 7 の流量が, 最終的には終点 6 に入ることがわかる.

図 2.5 に, 同じ有向グラフに対する異なる流量の例を示した. この有向グラフは, 頂点集合, 弧集合, 各弧の容量は図 2.4 のものと同じだが, 各弧を流れる流量が異なっている. この例では, 始点 1 から終点 6 まで流れる流量は, 6 であることがわかる.

このような流量の中の最大値を求めるのが, 最大流問題である.

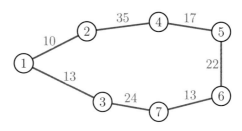

図 2.6　巡回セールスマン問題の巡回路の例.
コストは $10 + 35 + 17 + 22 + 13 + 24 + 13 = 134$.

2.2.4　巡回セールスマン問題

*12 以前, traveling sales-person problem とよぼうとする動きがあったが, 2020 年現在では sales-man がよく用いられているので, その慣習に従う.

巡回セールスマン問題 (traveling salesman problem) [*12] は, 無向な**完全グラフ (complete graph)** の上で定義される最適化問題である [16]. ここで, 完全グラフとは, グラフ内のどの 2 点をとってきてもその 2 点間に辺があるグラフのことである. このグラフを $G = (V, E)$ と表すことにする. 無向グラフ G 上においても有向グラフのときと同様に, 路または経路が定められる. 例えば, $\{u_1, u_2\}, \{u_2, u_3\}$ という路があるとする. これは, 点 u_1 から出発して, 辺 $\{u_1, u_2\}$ を通って u_2 に移動し, その後さらに辺 $\{u_2, u_3\}$ を通って点 u_3 に移動する, ということを表している. 各辺 $\{u, v\} \in E$ には, 非負整数のコスト c_{uv} が与えられるとする. 巡回セールスマン問題とは, コストが最小となる G 上の**ハミルトン閉路 (hamilton cycle)** を求める問題である. ここで, ハミルトン閉路とは, ある頂点 u から出発して, V の u 以外のすべての頂点をちょうど一度ずつ通って, もとの頂点 u に戻ってくる路のことである. また, ハミルトン閉路のコストとは, ハミルトン閉路に含まれる辺のコストの合計で定められる. 巡回セールスマン問題では, ハミルトン閉路のことを**巡回路**ともよぶ. 巡回セールスマン問題は, 次の問題として定められる.

- n 個の頂点から構成される無向完全グラフ $G = (V, E)$, 各辺上の距離 $c : E \to \mathbb{R}$ が与えられたとき, すべての頂点をちょうど 1 度ずつ訪問する巡回路で, 辺上の距離の合計を最小にするものを求めよ.

巡回セールスマン問題は, **NP 困難 (NP hard)** とよばれる, 解くのが難しい**組合せ最適化問題 (combinatorial optimization problem)** の 1 つである.

巡回セールスマン問題は, 0-1 整数線形最適化問題として定式化することができる. ここでは, **対称巡回セールスマン問題 (symmetric traveling**

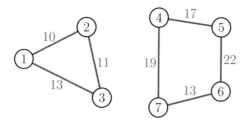

図 **2.7** 巡回セールスマン問題の部分巡回路の例.
コストは $10 + 11 + 13 + 17 + 22 + 13 + 19 = 105$.

salesman problem) [13] に対する定式化を示す.まず,辺 $\{u, v\} \in E$ が巡回路に含まれるとき 1,含まれないとき 0 をとる 0-1 変数 x_{uv} を用意する[14].この変数を使うと,巡回路に含まれる辺のコストの合計は,次の式で表される.

$$\sum_{\{u,v\} \in E} c_{uv} x_{uv}.$$

頂点の部分集合 S に対して,一方の端点が S に含まれ,他方の端点が S に含まれない辺の集合を $\delta(S)$ で表す.変数 x_{uv} の値は,巡回路を表す値になっていなけれはならないので,そうなるように x_{uv} に制約式を課す必要がある.巡回路を表すためには,各頂点に接続する辺の本数が 2 本でなければならない.これを数式で表したのが次の式である.

$$\sum_{e \in \delta(\{u\})} x_e = 2 \quad (u \in V). \tag{2.4}$$

実は,x_e がこの制約式を満たしても,巡回路を表しているとは限らない.実際に,この制約を満たしているが巡回路にはなっていない例を,図 2.7 に示した.これらの辺を表す変数の値は,$x_{12} = x_{23} = x_{31} = x_{45} = x_{56} = x_{67} = x_{74} = 1$,それ以外の x_e は 0 である.これらの値は,制約式 (2.4) を満たす.しかし,目で見てわかるように,1 つの巡回路にはなっておらず,2 つの部分的な閉路に分かれてしまっている.この例は,変数 x_e の値が巡回路を表すためには,制約式 (2.4) だけでは不十分なことを示している.図 2.7 に示したように,制約式 (2.4) を満たすが巡回路になっていない辺の集合のことを,**部分巡回路 (subtour)** とよぶ.

　このような部分巡回路を除くために,制約式を追加する必要がある.そのために,頂点の部分集合 S に対して,両端点が S に含まれる辺の集合 $E(S)$ を導入する.部分巡回路を除くためには,頂点集合 V の要素数 2 以上の真部分集合[15] $S \subset V, |S| \geq 2$ に対して,S に両端点が含まれる辺の数が $|S| - 1$ 以

下であることを課す必要がある．これには，次の制約式を追加すればよい．

$$\sum_{e\in E(S)} x_e \leq |S| - 1 \quad (S \subset V, |S| \geq 2).\tag{2.5}$$

この制約式を，**部分巡回路除去制約 (subtour elimination)** とよぶ．図 2.7 の例では，この制約式が満たされていないことを確認する．$V = \{1,2,3,4,5,6,7\}$ の部分集合 S として，$S = \{1,2,3\}$ を取り上げる．この S に対して，制約式 (2.5) の左辺と右辺を比べると，

$$\sum_{e\in E(\{1,2,3\})} x_e = 3 > 2 = |\{1,2,3\}| - 1 = 2$$

となる．つまり，制約式 (2.5) を満たしていない．

　部分巡回路除去制約を追加して，巡回セールスマン問題の 0-1 整数線形最適化問題としての定式化が得られる．

$$
\begin{aligned}
\text{最小化} \quad & \sum_{\{u,v\}\in E} c_{uv} x_{uv} \\
\text{制約} \quad & \sum_{e\in\delta(\{u\})} x_e = 2 & (u \in V), \\
& \sum_{e\in E(S)} x_e \leq |S| - 1 & (S \subset V, |S| \geq 2), \\
& x_{uv} \in \{0,1\} & (\{u,v\}) \in E).
\end{aligned}
$$

しかし，この定式化をそのまま最適化ソルバに入力しても，点の数 $|V|$ がごく小さい範囲でしか最適解を求めることはできない．というのは，部分巡回路除去制約は，V のすべての部分集合 S それぞれに対して 1 本定められるからである．V に含まれる点の数を $|V| = n$ とすると，S の数は $2^n - 2 - n$ となる[*16]．$2^n - 2 - n$ は，n が少し大きくなるだけで急激に大きくなる．つまり，部分巡回路除去制約を表す制約式の数は，$|V|$ が大きくなるにしたがって，急激に大きくなる．

　ところが，厳密な最適解を求めることにこだわらなければ，短時間で**近似最適解 (near-optimal solution)** [*17] を求めることはできる．**Lin-Kernighan 法 (Lin-Kernighan heuristic)** をはじめとして，頂点数がかなり大きくても現実的な計算時間で近似解が求まるメタ解法が知られている．この意味では，巡回セールスマン問題は，よほど意地悪な問題例でなければ「解ける」と思ってよい．

[*16] べき集合 2^V から，V 自身と $\emptyset$ と要素数が 1 のものを除いている．

[*17] 最適値に近い目的関数値を与える実行可能解．

2.2.5 配送計画問題

　配送計画問題 (vehicle routing problem) では，複数の**運搬車 (vehicle)**（例:トラック，船舶）を用いて，1つの**拠点 (depot)** から複数の**顧客 (customer)** へ荷物を配送する問題を扱う．宅配便などを数理モデルにしたものと考えればよい [12]．図 2.8 に，顧客数 7，運搬車数 3 の配送計画問題の配送ルートの例を示した．

　配送計画問題は巡回セールスマン問題を一般化した問題とみなせる．それは，運搬車が 1 台の配送計画問題は，荷物の大きさや積載量の上限などを考えなければ，巡回セールスマン問題そのものだからである．配送計画問題も巡回セールスマン問題と同様，NP 困難である．配送計画問題に対しては，顧客の数がかなり大きい（数百から数千程度）問題例でも，十分に短い計算時間で近似最適解が得られるメタ解法が開発されている．それらのメタ解法を注意深く実装すれば，現実の様々な問題を解くことができる．実際，多くの企業が配送計画問題を解くためのソフトウェアを販売している．

　配送計画問題には，様々な制約条件を加えたものがあり，研究されている．制約条件の中で代表的なものは，**積載量制約 (capacity constraints)** と**時間枠制約 (time window constraints)** である．積載量制約は，同時に 1 台の運搬車に積める荷物の容量や重量の上限を課すものである．時間枠制約は，各顧客が荷物を受け取ることのできる時間帯に制約を課すものである．運搬車（ドライバー）は，指定された時間帯にその顧客を訪問して荷物を届けなければならない．

　配送計画問題は，巡回セールスマン問題と同様に，0-1 整数線形最適化問題として定式化することができる．その 1 つの方法は，弧 (i, j) が運搬車 k のルートに含まれるか否かを表す 0-1 変数 x_{ij}^k を導入し，それらを用いて制約条件と目的関数を定義する方法である．ところが，実務規模の配送計画問題にこの定式化を用いることは現実的ではない．実務規模の配送計画問題では，頂点の数が数百から数千，運搬車の数が数百台になることがある．したがって，変数の数が非常に大きくなり，またそれらの関係を表す制約式の数も非常に大きくなるからである．このような大きなサイズの整数線形最適化問題を実用的な時間で解くことは，現代のソルバを用いても難しい．

　このような理由により，実務規模の問題を解く際には，メタ解法 を用いるのが現実的である．巡回セールスマン問題と同様に，現実的な時間で近似最適解を得るためのメタ解法が多数提案されている．このような方法を用いる

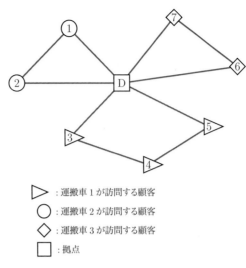

▷ : 運搬車 1 が訪問する顧客

◯ : 運搬車 2 が訪問する顧客

◇ : 運搬車 3 が訪問する顧客

□ : 拠点

図 **2.8** 　配送計画問題の配送ルートの例

ことで，厳密な最適解にこだわらなければ，配送計画問題も巡回セールスマン問題と同様に「解ける」問題だと考えてよい．ただし，十分に良い解を得るには，メタ解法の設計やチューニングに職人芸が必要であることに注意する．

　ほかの方法として，集合分割問題として定式化する方法がある．これは，運搬車が船舶である場合など，制約条件が厳しい場合や，台数や顧客数がそれほど大きくない場合には有効な方法である．メタ解法の場合と異なり，職人芸なしでも良い解が安定して得られることが利点である．

第3章

Python パッケージによる
数理最適化問題のモデリング

　Python では，数理最適化問題を解くために便利な様々なパッケージが利用
可能である．これらのパッケージを用いると，数理最適化問題を解くプログ
ラムを人間に読みやすいかたちで作成することができる．Python を用いて
数理最適化問題を解くには，まず，**モデリング言語 (modeling language)**
[*1] を用いて問題を記述し，その記述したものを**ソルバ (solver)** とよばれる
ソフトウェアに渡す．ソルバは，受け取った最適化モデルを解くためのアル
ゴリズムを実行し，最適解を求める（図3.1）．

　モデリング言語には様々なものがあり，それぞれ扱うことのできる数理最
適化問題のクラスが異なる．線形最適化問題・混合整数線形最適化問題のみ
を扱うことのできるものもあれば，錐線形最適化問題のみを扱うことができ
るものもある．また，線形最適化問題，非線形最適化問題，混合整数最適化
問題まで広範な問題を扱うことができるものもある．モデリング言語はそれ

*1 モデリングインターフェイス，モデラともいう．

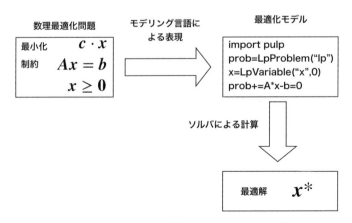

図 3.1 モデリング言語とソルバによる求解

それに特徴があり，目的に応じて使い分けると便利である．

▌3.1   線形最適化問題

　線形最適化問題は，現在最も広く用いられている最適化問題であり，複数のインターフェイスが利用可能である．その中で，PuLP, Pyomo, PICOS について述べる．この節では特に，PuLP, Pyomo の使い方を具体的に述べる．

▌3.1.1   様々なモデリングインターフェイス

(a)   PuLP

　PuLP は，線形最適化問題・整数線形最適化問題を Python で記述するためのモデリング言語である [1]．PuLP は，決定変数や制約式など，数理最適化問題でよく現れる**オブジェクト (object)** を Python オブジェクトとして実現しており，Python での慣用的な書き方や文法とよく馴染む記述が可能である．制約式や目的関数は，もとの数式表現と非常に近い形で書くことができる．

　PuLP は，線形最適化問題・整数線形最適化問題を人間にわかりやすい形で表現するためのものであり，それ自体には問題を解く機能はない．問題を解くには，外部のソルバの機能を用いる必要がある．PuLP が行うのは，人間が PuLP の文法で記述した最適化問題（プログラム）を受け取り，それをソルバが読み取ることのできる形式に変換してソルバに渡すことである．そして，ソルバはその問題を解いて，得られた解を PuLP に返す．解を受け取った PuLP は，それを人間にわかりやすい形に変換して提示する．

　PuLP で使用できるソルバは，

- Cbc (https://github.com/coin-or/Cbc)
- GLPK (https://www.gnu.org/software/glpk/)
- CPLEX (https://www.ibm.com/jp-ja/products/ilog-cplex-optimization-studio)
- Gurobi (https://www.gurobi.com)

---

[1] https://coin-or.github.io/pulp/

である.

また，PuLP は MIT ライセンスのもとで公開されているため，様々な用途で使いやすい．そして，純粋に Python のみの機能で書かれているため，ほかに依存するライブラリやライセンスがなく，再配布や実装もやりやすい.

(b) Pyomo

Pyomo[2] は，線形最適化問題を含む様々な数理最適化問題をモデル化・定式化するためのパッケージである．Pyomo は，COIN-OR[3] プロジェクトの1つとして開発・管理されている．この COIN-OR プロジェクトは，**オペレーションズ・リサーチ (operations research)** と数理最適化で有用なソフトウエア群を開発するものである.

Pyomo は，線形最適化以外にも，下記のような様々な最適化問題を扱うことができる.

- 二次最適化 (quadratic programming, quadratic optimization, QP)
- 非線形最適化 (nonlinear programming, nonlinear optimization, NLP)
- 混合整数線形最適化 (mixed-integer linear programming, mixed-integer linear optimization, MILP)
- 混合整数二次最適化 (mixed-integer quadratic programming, mixed-integer quadratic optimization, MIQP)
- 確率最適化 (stochastic programming, stochastic optimizaiton, SP)

使用できるソルバは,

- BARON (https://minlp.com/baron)
- Cbc (https://github.com/coin-or/Cbc)
- CPLEX (https://www.ibm.com/jp-ja/products/ilog-cplex-optimization-studio)
- CONOPT (http://www.conopt.com/)
- Gurobi (https://www.gurobi.com)
- Ipopt (https://github.com/coin-or/Ipopt)
- MOSEK (https://www.mosek.com)

など，多数である.

---

[2] http://pyomo.org
[3] https://www.coin-or.org

Pyomo のモデルは，**コンポーネント (component)** とよばれる部品からなる．これらのコンポーネントは，次の Python クラスとして定義されている．

Set：問題例を定義する集合のデータ
Param：問題例を定義するパラメータのデータ
Var：決定変数
Objective：目的関数
Constraint：変数に関する制約式

Pyomo は，**抽象モデル (abstract model)** と**具象モデル (concrete model)** を区別している．例えば，線形最適化問題は一般的には

$$
\begin{array}{ll}
\text{最小化} & \displaystyle\sum_{j=1}^{n} c_j x_j \\
\text{制約} & \displaystyle\sum_{j=1}^{n} a_{ij} x_j \geq b_i \quad (i = 1, 2, \ldots m), \\
& x_j \geq 0 \qquad\qquad (j = 1, 2, \cdots, n),
\end{array}
\tag{3.1}
$$

と表されるが，これは，パラメータ c_j, a_{ij}, b_i の値が定まっておらず，抽象モデルである．抽象モデルのパラメータに具体的な値を与えたものが，具象モデルである．例えば，次の最適化問題は線形最適化問題の 1 つの具象モデルである．

$$
\begin{array}{lllllll}
\text{最小化} & 2x_1 & + & 3x_2 & & & \\
\text{制約} & 3x_1 & + & 4x_2 & \geq & 1, & \\
& x_1, x_2 \geq 0. & & & & &
\end{array}
\tag{3.2}
$$

この問題例 (3.2) は，(3.1) において，$m = 1, n = 2, a_{11} = 3, a_{12} = 4, b_1 = 1, c_1 = 2, c_2 = 3$ としたものである．数理最適化の分野で**問題 (problem)** とよぶものに対応するのが抽象モデル，**問題例 (instance)** とよぶものに対応するのが具象モデルと考えてもよい．

どちらのモデルが有用かは，場合による．一般的には，1 つのデータに対して最適化問題を解きたい場合は具象モデルを扱ったほうがよいが，1 つの同じ構造の問題を異なるデータに対して繰り返し解きたい場合は抽象モデルを扱ったほうがよい．

(c) PICOS

PICOS[4] は，整数最適化問題と錐線形最適化問題のためのインターフェイスを提供するパッケージである．PICOS は，線形最適化以外にも下記のような様々な最適化問題を扱うことができる．

- 二次錐最適化問題 (second-order cone programming, second-order cone optimization, SOCP)
- 半正定値最適化問題 (semidefinite programming, semidefinite optimization, SDP)
- 二次制約付き二次最適化問題 (quadratically constrained quadratic program, QCQP)
- 混合整数線形最適化問題 (mixed-integer linear programming, mixed-integer linear optimization, MILP)
- 混合整数二次錐最適化問題 (mixed-integer second-order cone programming, mixed-integer second-order cone optimization, MISOCP)

使用できるソルバは，

- CPLEX (https://www.ibm.com/jp-ja/products/ilog-cplex-optimization-studio)
- CVXOPT (http://cvxopt.org)
- ECOS (https://github.com/embotech/ecos)
- GLPK (https://www.gnu.org/software/glpk/)
- Gurobi (https://www.gurobi.com/)
- MOSEK (https://www.mosek.com)
- SMCP (https://smcp.readthedocs.io)
- SCIP (https://scip.zib.de)

である．PICOS では，行列を自然に表現することができるため，二次錐最適化問題，半正定値最適化問題などの記述が行いやすい．

3.1.2 PuLP の使い方

PuLP を用いるには，まずインポートする．

```
from pulp import *
```

---

[4] http://picos.zib.de/

例として，次の線形最適化問題を PuLP で記述する．

$$
\begin{array}{lrcrcrcr}
\text{最小化} & -3x_1 & + & 11x_2 & + & 2x_3 \\
\text{制約} & -x_1 & + & 3x_2 & & & \leq & 5, \\
& 3x_1 & + & 3x_2 & & & \leq & 4, \\
& & & 3x_2 & + & 2x_3 & \leq & 6, \\
& 3x_1 & & & + & 5x_3 & \geq & 4, \\
& \multicolumn{7}{l}{x_1, x_2, x_3 \geq 0.}
\end{array}
\tag{3.3}
$$

(a)　問題例生成

まず，問題例を生成する．2 つの引数を与えて LpProblem() を実行する．1 つ目の引数は問題の名前であり，好きな文字列を与える．2 つ目の引数は，目的関数を最大化するか最小化するかを指定するものである．ここでは最小化したいので，LpMinimize を指定する．

```
prob = LpProblem("The_Problem",LpMinimize)
```

最大化する場合は，LpMinimize のかわりに LpMaximize を指定する．

(b)　変数生成

次に，変数を生成する．この問題例には，x_1, x_2, x_3 の 3 つの変数がある．これらの変数を，LpVariable() を用いて生成する．LpVariable() には 5 つの引数を指定することができる．1 つ目は変数名，2 つ目は変数の下限，3 つ目は変数の上限，そして 4 つ目は変数のタイプである．5 つ目の引数は，列方向モデリングとよばれるモデル化の際に用いられるもので，ここでは用いない．

1 つ目の引数である変数名には，変数の意味がわかりやすいように好きな文字列を与える．2 つ目と 3 つ目の引数にはそれぞれ下限と上限を指定するが，指定する必要のない場合は None を与える．None を与えた場合，下限と上限はそれぞれマイナス無限大と無限大に設定される．4 つ目の引数としては，変数が**連続変数 (continuous variables)** であることを指定する LpContinuous か，**整数変数 (integer variables)** であることを指定する LpInteger を与える．加えて，0-1 変数を表す LpBinary を指定することもできる．デフォルト値は LpContinuous であり，指定しない場合は LpContinuous となる．

注意する必要があるのは，引数のうちいくつかをデフォルト値で使う場合である．いくつかの引数の値を指定して，残りの引数をデフォルト値とした

い場合は，途中の引数をとばしてはいけない．例えば，上限を指定する 3 つ
目の引数として 100 を与え，下限を指定する 2 つ目の引数としてはデフォル
ト値を使いたい場合は，次のように 2 つ目の引数の値として None を明示的
に与える必要がある．

```
LpVariable("example", None, 100)
```

ほかの方法として，指定するパラメータを明示する方法がある．例えば，上
限を 100 としたい場合は，upBound を用いて次のようにするとよい．

```
LpVariable("example", upBound = 100)
```

この場合は，100 が上限を指定するものであることが upBound によりはっき
りとわかるので，前のように 2 つ目の引数として None を書く必要はない．名
前，下限，上限，変数の種類，を明示的に指定するには，それぞれ name =,
lowBound =, upBound =, cat =を用いる．

　前に示した問題例では，非負の連続変数として x_1, x_2, x_3 を用いている．
これら 3 つの変数を生成するには，次のように書けばよい．

```
x1 = LpVariable("x1",0,None,LpContinuous)
x2 = LpVariable("x2",0,None,LpContinuous)
x3 = LpVariable("x3",0,None,LpContinuous)
```

これで，非負の連続変数 x1, x2, x3 が生成される．

　ここで，変数 x1 の名前として，右辺の LpVariable の第 1 引数に x1 を指
定している．わかりやすさのために左辺の x1 と同じものを用いているが，別
の文字列でも構わない．例えば，x_1 がりんごの個数を表しているとすると，
ringo などという名前をつけてもよい[*2]．

(c)　目的関数生成

　さて，ここまでで問題例と変数を生成できた．続いて，これらの変数を用
いて目的関数を定める．問題例における目的関数は，

$$最小化　-3x_1 + 11x_2 + 2x_3$$

であった．目的を最小化とすることは，LpProblem() の引数として LpMinimize
を与えることですでに定めている．あとは，目的関数の具体的な式を指定す
ればよい．

　PuLP では，目的関数を設定するのに += 演算子を用いる．$-3x_1 + 11x_2 + 2x_3$

を目的関数として設定するには，次のようにすればよい．

```
prob += -3*x1 + 11*x2 + 2*x3
```

このように，`prob +=` に続けて目的関数を定める線形関数を書く．右辺の線形関数の表現は，数式表現と大変似ており，人間にとって読みやすい．また，足し算は `+` 演算子，掛け算は `*` 演算子で表されるが，これは Python での（例えば）整数どうしの足し算や掛け算で用いられているものと同じであり，わかりやすい．

(d) 制約式生成

PuLP で制約式を追加するときにも，目的関数のときと同様に `+=` 演算子を用いる．目的関数は線形関数のみで表されるから，`+=` の右辺に記述するのは線形関数である．それに対して，制約式では線形の不等式か等式を記述する．

さて，上に挙げた問題例における不等式 $-x_1 + 3x_2 \leq 5$ を `prob` に追加するには，次のように書けばよい．

```
prob += (-1)*x1 + 3*x2 <= 5
```

ここでは，`+=` の右側が線形関数ではなく，線形不等式になっていることに注意する．

右辺には等式と不等式のどちらを指定してもよい．問題例にある残りの不等式 3 つを `prob` に追加するには，次のように書けばよい．

```
prob += 3*x1 + 3*x2 <= 4
prob += 3*x2 + 2*x3 <= 6
prob += 3*x1 + 5*x3 >= 4
```

最後の不等式 $x_1, x_2, x_3 \geq 0$ は，この 3 変数が非負変数であることを課している．この非負変数の取り扱いには注意が必要である．モデリング言語の中には，線形最適化問題の変数は特に指定しなくとも非負変数として扱うものもあるが，PuLP はそうではない．`LpVariable()` の引数で下限として 0 を指定するか，0 以上であることを課す制約式 ($x_1 \geq 0$ など) を追加する必要がある．もし指定しなければ，その変数は負の値もとりうる変数[*3] として扱われる．さて，ここでの変数 `x1`，`x2` と `x3` は，`LpVariable()` で生成するときに引数として下限 0 を指定している．したがって，ここで改めて制約式として `x1 >= 0`，`x2 >= 0` と `x3 >= 0` を追加する必要はない．

[*3] 自由変数 (free variable) という．

(e)　問題例定義の全体

まとめると，上の問題例を PuLP で記述するには，次のように書けばよい．

```
from pulp import *
prob = LpProblem("The_Problem",LpMinimize)
x1 = LpVariable("x1",0,None,LpContinuous)
x2 = LpVariable("x2",0,None,LpContinuous)
x3 = LpVariable("x3",0,None,LpContinuous)
prob += -3*x1 + 11*x2 + 2*x3
prob += (-1)*x1 + 3*x2 <= 5
prob += 3*x1 + 3*x2 <= 4
prob += 3*x2 + 2*x3 <= 6
prob += 3*x1 + 5*x3 >= 4
```

こうして定義した内容は，print() によって目で見えるかたちで確認できる．

```
print(prob)
```

```
The_Problem:
MINIMIZE
-3*x1 + 11*x2 + 2*x3 + 0
SUBJECT TO
_C1: - x1 + 3 x2 <= 5

_C2: 3 x1 + 3 x2 <= 4

_C3: 3 x2 + 2 x3 <= 6

_C4: 3 x1 + 5 x3 >= 4

VARIABLES
x1 Continuous
x2 Continuous
x3 Continuous
```

(f)　問題例を解く

こうして定義した問題例を解くには，関数 solve() を実行すればよい．

```
status = prob.solve()
```

さて，線形最適化問題の問題例には，

1. 実行不能 (infeasible) である，
2. 非有界 (unbounded) である，
3. 最適解をもつ，

という 3 つの状態がある．解いた問題例がこれらのうちのどの状態かは，返り値 status の値で知ることができる．status 自体は int 型であり，それ自体はただの整数である．その整数が表す内容は，辞書 LpStatus のキーとして与えることで明らかになる．例えば，上の問題例に対して得られる status の値は 1 であるが，これを辞書 LpStatus のキーとして渡して表示する．

```
print(LpStatus[status])
```

すると，次のように表示される．

```
Optimal
```

このことから，この問題例に対しては最適解が得られたことがわかる．なお，3 つの状態は，それぞれ次のように表示される．

- 実行不能である：Infeasible
- 非有界である：Unbounded
- 最適解をもつ：Optimal

このほかの LpStatus の値としては，最適解を得るに至らなかったことを表す Not Solved と，どの状態かが明らかにならなかったことを表す Undefined がある．Not Solved は，用いたソルバが最適解を見つけられなかっただけで，問題例自体には最適解が存在する可能性はある[*4]．

さて，上の問題例を解くと，最適解が得られる．そのときの最適値（目的関数の値）は value(prob.objective) で得られる．それを print() で表示すると，最適値を目で確認することができる．

```
print(value(prob.objective))
```

```
-3.9999999
```

これより，目的関数値は小さな誤差を除くと −4 であることがわかる．また，最適解 x_1^*, x_2^*, x_3^* は，value() の引数に x1, x2, x3 を与えることにより得られる．

[*4] ソルバを変更すると最適解が見つかるかもしれない．

```
print("x1:",value(x1),", x2:",value(x2),", x3:",value(x3
    ))
```

```
x1: 1.3333333 , x2: 0.0 , x3: 0.0
```

または，x1.varValue, x2.varValue, x3.varValue によっても得ることが
できる.

```
print("x1:",x1.varValue,", x2:",x2.varValue,", x3:",x3.
    varValue)
```

```
x1: 1.3333333 , x2: 0.0 , x3: 0.0
```

(g) 列方向モデリング

PuLP では，**列方向モデリング (column-wise modeling)** とよばれるモ
デル化の方法もある．これは，変数に着目した方法である．列方向モデリン
グに対して，前に述べたモデル化の方法，すなわち，各制約式の不等式/等
式をはじめから陽 (explicit) に与える方法を，**行方向モデリング (row-wise
modeling)** とよぶ．この "行方向" と "列方向" という表現は，制約行列 A
の行に注目したモデル化か，列に注目したモデル化かを表している．列方向
モデリングは，いったん問題を生成しておき，必要に応じて後から変数（列）
を追加したい場合に便利な方法である．線形最適化問題の例 (3.3) を列方向
モデリングでモデル化すると，次のようになる.

```
from pulp import *
prob = LpProblem("Problem", LpMinimize)
obj = LpConstraintVar("obj")
prob.setObjective(obj)
a = LpConstraintVar("Constraint_a", LpConstraintLE, 5)
b = LpConstraintVar("Constraint_b", LpConstraintLE, 4)
c = LpConstraintVar("Constraint_c", LpConstraintLE, 6)
d = LpConstraintVar("Constraint_d", LpConstraintGE, 4)
prob += a
prob += b
prob += c
prob += d
x1 = LpVariable("x1", 0, None, LpContinuous, -3*obj - a +
    3*b + 3*d)
```

```
x2 = LpVariable("x2", 0, None, LpContinuous, 11*obj + 3*a
    + 3*b + 3*c)
x3 = LpVariable("x3", 0, None, LpContinuous, 2*obj + 2*c
    + 5*d)
status=prob.solve()
print("status:",LpStatus[status])
print("optimal value:",value(prob.objective))
print("x1:",value(x1),", x2:",value(x2),", x3:",value(x3
    ))
```

ここでは，LpVariable() で変数を生成しているほかに，LpConstraintVar() で制約式を生成していることに注意する．具体的には，まず 3 行目で

```
obj = LpConstraintVar("obj")
```

により目的関数を表すオブジェクト obj を生成している．この段階では，この obj は空っぽ，すなわち何の項も含んでいない．列方向モデリングでは，最初に空っぽのオブジェクトを生成しておいて，後から項を追加していくのである．そして，setObjective() を用いてこの obj を目的関数に設定している．

　制約式も同様で，まず制約式を表す空っぽのオブジェクトを生成しておいて，後から項を追加する．例えば，最初の制約式を表すオブジェクト a を，

```
a = LpConstraintVar("Constraint_a",LpConstraintLE,5)
```

によって生成している．このとき，第 1 引数で制約式の名前を，第 2 引数で右向きの不等式か左向きの不等式か等式かを，第 3 引数で右辺の値を指定する．したがって，この命令では，名前が Constraint_a，左辺が右辺以下，右辺の値が 5 である不等式を生成することになる．ここでも目的関数と同様に，左辺の線形式はこの段階では空っぽである．右向きの不等式か左向きの不等式か等式かを指定するには，LpConstraintLE, LpConstraintGE，または LpConstraintEQ を指定する．順に，左辺は右辺以下の不等式，左辺は右辺以上の不等式，左辺と右辺は等しい等式，を表す．生成した制約式は，9-12 行目で += 演算子を用いて問題例 prob に追加する．これで，問題に目的関数と制約式が設定される．

　次に，変数 x1, x2, x3 を生成している．これには，行方向モデリングのときと同じ LpVariable() を用いているが，第 5 引数を与えている点が異なっている．第 5 引数には，目的関数と各制約式におけるその変数の係数を指定して

いる．例として，x1 を挙げる．x1 は，目的関数での係数が −3，第 1 制約式 a
での係数が −1，第 2 制約式 b での係数が 3，第 3 制約式 c には含まれず，第
4 制約式 d での係数が 3 である．このことを，-3*obj - a + 3*b + 3*d と
表し，第 5 引数として指定する．これにより，空っぽだった目的関数に $-3x_1$
が，同じく空っぽだった制約式 a, b, d の左辺にそれぞれ線形項 $-x_1, 3x_1, 3x_1$
が追加される．変数 x2, x3 の生成のときにも同様に，各変数の目的関数と制
約式での係数を第 5 引数として指定している．こうすると，変数オブジェク
トを生成する段階で，目的関数と制約式の左辺の線形項も追加される．当然
であるが，こうして定義した問題例 prob を解くと，行方向モデリングのと
きと同じ最適解が得られる．

```
status: Optimal
optimal value: -3.9999999
x1: 1.3333333 , x2: 0.0 , x3: 0.0
```

3.1.3　Pyomo の使い方

　まずは，抽象モデル (3.1) をモデル化し，その後，データを変えて解くため
の Pyomo を用いたプログラムを次に示す．その後，プログラム内の各処理を
説明する．

```
from pyomo.environ import *

model = AbstractModel()

model.m = Param(within = NonNegativeIntegers)
model.n = Param(within = NonNegativeIntegers)

model.I = RangeSet(1, model.m)
model.J = RangeSet(1, model.n)

model.a = Param(model.I, model.J, default = 0)
model.b = Param(model.I)
model.c = Param(model.J)

model.x = Var(model.J, domain = NonNegativeReals)

def obj_expression(model):
    return summation(model.c, model.x)
```

```
model.OBJ = Objective(rule = obj_expression)

def ax_constraint_rule(model, i):
    return sum(model.a[i,j] * model.x[j] for j in model.J
        ) >= model.b[i]

model.AxbConstraint = Constraint(model.I, rule =
    ax_constraint_rule)

data = {None: {
    "m": {None: 4}, "n": {None: 3},
    "c": {1: -3, 2:11, 3:2},
    "a": {(1,1): 1, (1,2): -3,
    (2,1): -3, (2,2):-3,
    (3,2):-3, (3,3):-2,
    (4,1):3, (4,3):5
    }, "b": {1: -5, 2:-4, 3:-6, 4:4}, }}

instance=model.create_instance(data)
solver=SolverFactory("cbc")
result=solver.solve(instance)
print(result["Solver"])
print("optimal value:",value(instance.OBJ))
print("optimal solution")
for j in instance.x:
    print(instance.x[j],value(instance.x[j]))
```

このプログラムでは，まず，

```
model=AbstractModel()
```

によって抽象モデル model を生成している．次に，Param() によって，m と n の値をそれぞれ model.m, model.n として定めている．その際，引数として within = NonNegativeIntegers を与えることによって，値を非負整数に制限している[*5]．次に，添字集合 $1, 2, \ldots, m$ として，model.I を定義している．これは，制約式 $\sum_{j=1}^{n} a_{ij} x_j \geq b_i$ の添字 i が取りうる値の集合を表す．これは，RangeSet() によって，1 から model.m までの整数として定められる．同様に，model.J も添字集合 $1, 2, \ldots, n$ として定義している．

次に，制約式 $\sum_{j=1}^{n} a_{ij} x_j \geq b_i$ に現れる a_{ij}, b_i と目的関数 $\sum_{j=1}^{n} c_j x_j$ に現れる c_j を，添字付きのパラメータとして定める．

[*5] 負の値にしようとするとエラーになる．

```
model.a = Param(model.I,model.J, default=0)
model.b = Param(model.I)
model.c = Param(model.J)
```

Param() に引数として集合が与えられる場合は，集合の各要素を添字とするパラメータが生成される．この例では，例えば　model.c は model.J の各要素を添字とするパラメータとして定められる．default = 0 は，特に値を設定しない要素は 0 とすることを表す．

次に，変数 x を定義している．

```
model.x = Var(model.J,domain = NonNegativeReals)
```

Var() に与えられた最初の引数が集合なので，この変数 model.x は与えられた集合 model.J の各要素を添字とする変数の集合となる．ここでは，もう 1 つの引数として domain = NonNegativeReals を指定している．domain = は，変数の取りうる値を指定するものである．ここでは NonNegativeReals を指定している．したがって，変数 model.x は非負の実数をとることが課される．

Pyomo の抽象モデルの定義では，目的関数と制約式は Python の関数によって指定される．Python の関数は，def によって定義される．数理最適化問題における目的関数と制約式の定義において，足し算は重要である．このために，Pyomo は summation() という関数を提供している．summation() は，与えられた 2 つの引数について，その添字ごとの積の和を返す．したがって，ここで定義する関数 obj_expression(model) のように model.c と model.x を引数として与えると，$\sum_{j=1}^{n} c_j x_j$ に対応する値を返す．

(a)　目的関数定義

目的関数を定めるには，Objective() を用いる．Objective() の引数で，rule = として関数を指定することで，目的関数を設定する．ここでは，関数 obj_expression(model) を指定している．関数 obj_expression(model) は，model.c と model.x の各成分の積の和を返す関数として定義している．

(b)　制約式定義

目的関数のときと同様に，Constraint() の第 2 引数で rule = として関数を指定することで制約式を設定する．ここでは，ax_constraint_rule(model,i)

を指定している．2 番目の引数としては，i を与えている．これは，Constraint() の第 1 引数で指定した model.I の各要素 i に対して制約式が定められることに対応している．

(c)　データの指定

　このプログラムでは，問題例 (3.3) を表すデータを辞書 data によって指定している．辞書 data のキーは None のみであり，data["None"] はまた辞書となっている．data["None"] のキーは，m, n, a, b, c であり，各キーの値として，対応するデータを指定する．例えば，キー m に対する値として model.m の値を指定する．ここでは m を 4 としたいので，

```
"m": {None: 4}
```

としている．m の値自体が辞書になっており，キー None に対する値として 4 が与えられている．スカラー*6 に対するデータを指定する場合は，このようにキー None に対する値として指定する．同じくスカラーである n に対する指定も，"n":{None: 3}としている．

　さて，c は model.J の各要素に対して値をもつベクトルであるので，

```
"c":{1: -3, 2:11, 3:2}
```

としている．このように，ベクトル c の値 c_i を指定するときは，キー"c"に対する値として，$i:c_i$ を要素とする辞書を指定する．スカラーの場合はベクトルの添え字にあたるものがないので，キーとして None を指定すると考えるとよい．ベクトル b の値 b_i も同様に，$i:b_i$ を要素とする辞書として指定している．a は行列であるので，キーとして 2 つの添え字を与えている．

```
"a": {(1,1): 1, (1,2): -3, (2,1):-3, (2,2): -3, (3,2):-3,
      (3,3):-2, (4,1):3, (4,3):5},
```

例えば，(1,1):1 により，a の $(1,1)$ 要素を 1 と定めている．

　このように，問題例を表すデータ data を定める．この data を用いて問題例を生成する．

```
instance = model.create_instance(data)
```

実際の最適化計算を行うためには，SolverFactor でオブジェクトを生成する．この際，引数として cbc を与えているが，これはソルバとして Cbc を使うことを定めている．

```
solver = SolverFactory("cbc")
```

この solver のメソッド solve() に引数として instance を与えることで、この問題例の最適解を求めることができる.

```
result = solver.solve(instance)
```

このプログラムを実行すると、次のような結果が画面に表示される.

```
- Status: ok
User time: -1.0
System time: 0.0
Wallclock time: 0.01
Termination condition: optimal
Termination message: Model was solved to optimality (
    subject to tolerances), and an optimal solution is
    available.
Statistics:
  Branch and bound:
    Number of bounded subproblems: None
    Number of created subproblems: None
  Black box:
    Number of iterations: 0
Error rc: 0
Time: 0.025888919830322266

optimal value: -3.9999999
optimal solution
x[1] 1.3333333
x[2] 0.0
x[3] 0.0
```

これより、最適値として（小さな誤差を除くと）-4 が得られたことがわかる.
　同じ問題を具象モデルで解くためのプログラムは、次のとおりである.

```
from pyomo.environ import *
model = ConcreteModel()
model.x_1 = Var(within = NonNegativeReals)
model.x_2 = Var(within = NonNegativeReals)
model.x_3 = Var(within = NonNegativeReals)
model.obj = Objective(expr = -3*model.x_1 + 11*model.x_2
    + 2*model.x_3)
```

```
model.con1 = Constraint(expr = -1*model.x_1 + 3*model.x_2
    <= 5)
model.con2 = Constraint(expr = 3*model.x_1 + 3*model.x_2
    <= 4)
model.con3 = Constraint(expr = 3*model.x_2 + 2*model.x_3
    <= 6)
model.con4 = Constraint(expr  =3*model.x_1 + 5*model.x_3
    >= 4)
solver = SolverFactory("cbc")
result = solver.solve(model)
print(result["Solver"])
print("optimal value:",value(model.obj))
print("optimal solution")
print(model.x_1,value(model.x_1))
print(model.x_2,value(model.x_2))
print(model.x_3,value(model.x_3))
```

これを実行すると，次のような結果が画面に表示される．

```
- Status: ok
  User time: -1.0
  System time: 0.0
  Wallclock time: 0.01
  Termination condition: optimal
  Termination message: Model was solved to optimality (
      subject to tolerances), and an optimal solution is
      available.
  Statistics:
    Branch and bound:
      Number of bounded subproblems: None
      Number of created subproblems: None
    Black box:
      Number of iterations: 0
  Error rc: 0
  Time: 0.05063295364379883

optimal value: -3.9999999
optimal solution
x_1 1.3333333
x_2 0.0
x_3 0.0
```

これより，最適値として -4 が得られたことがわかる．

3.2 錐線形最適化問題

錐線形最適化問題は，変数が錐に含まれるという条件と線形不等式を満たすという条件のもとで，線形関数を最適化する問題の総称である．このうち，本書では特に，線形最適化問題，二次錐最適化問題そして半正定値最適化問題を扱う．錐最適化問題を表現するための Python インターフェイスとして，PICOS[5] がある．ここでは，PICOS を用いて，線形最適化問題，二次錐最適化問題，そして半正定値最適化問題を解く方法を述べる．

PICOS の使い方

(a) 線形最適化問題

線形最適化問題は，錐線形最適化問題の 1 つである．線形最適化問題は，次式で表される．

$$
\begin{array}{ll}
\text{最小化} & \boldsymbol{c} \cdot \boldsymbol{x} \\
\text{制約} & \boldsymbol{a}_i \cdot \boldsymbol{x} = b_i \quad (i = 1, 2, \ldots, m), \\
& \boldsymbol{x} \geq \boldsymbol{0}.
\end{array}
$$

この書き方では，m 本の制約式を別々に書いたが，まとめて 1 つの $m \times n$ の行列を用いることで，次のように書くこともできる．

$$
\begin{array}{ll}
\text{最小化} & \boldsymbol{c} \cdot \boldsymbol{x} \\
\text{制約} & A\boldsymbol{x} = \boldsymbol{b}, \\
& \boldsymbol{x} \geq \boldsymbol{0}.
\end{array}
$$

ここでは制約式 $A\boldsymbol{x} = \boldsymbol{b}$ は等式で書かれるが，これが不等式 $A\boldsymbol{x} \leq \boldsymbol{b}$ で表されていても，**スラック変数 (slack variables)** [*7]$\boldsymbol{s}$ を導入して $A\boldsymbol{x} + \boldsymbol{s} = \boldsymbol{b}$ とすることにより，容易に等式に変換できることに注意する．PICOS では，制約式の記述は不等式を用いるのが便利なので，以下の例では主に不等式を用いることとする．

ここでは，線形最適化問題の例として，次のものを用いる．

[*7] 不等式の両辺の隙間を埋める非負の変数．

[5] http://picos.zib.de/

$$
\begin{array}{llrcrcl}
\text{最小化} & -0.5x_0 & - & x_1 & & & \\
\text{制約} & x_0 & - & x_1 & \geq & 0, & \\
& x_0 & & & \leq & 3, & \\
& x_0 & + & x_1 & \leq & 4, & \\
& x_0, x_1 \geq 0. & & & & &
\end{array}
\tag{3.4}
$$

この問題例を PICOS で記述するプログラムは次のとおりである.

```
import picos as pic
pic.ascii()
P = pic.Problem()
x = pic.RealVariable("x",2)
P.add_constraint(x[0] - x[1] >= 0)
P.add_constraint(x[0] <= 3)
P.add_constraint(x[0] + x[1] <= 4)
P.add_list_of_constraints([x[i] >= 0 for i in range(2)])
objective = -0.5*x[0] - x[1]
P.set_objective("min",objective)
print(P)
P.options.verbosity = 1
solution = P.solve(solver="cvxopt")
print("status:",solution.claimedStatus)
print("objective value:",P.value)
print("optimal solution")
print("x:")
print(x.value)
```

2 行目の `pic.ascii()` は, 数式表現をアスキー文字を用いて行うための設定である. これを実行すると, 次の結果を得る.

```
------------------------------
Linear Program
  minimize -0.5*x[0] - x[1]
  over
    2x1 real variable x
  subject to
    x[0] - x[1] >= 0
    x[0] <= 3
    x[0] + x[1] <= 4
    x[i] >= 0 f.a. i in [0..1]
------------------------------
==============================
```

```
           PICOS 2.0.8
=====================================
Problem type: Linear Program.
Searching a solution strategy for CVXOPT.
Solution strategy:
  1. ExtraOptions
  2. CVXOPTSolver
Applying ExtraOptions.
Building a CVXOPT problem instance.
Starting solution search.
-----------------------------------
 Python Convex Optimization Solver
    via internal CONELP solver
-----------------------------------
     pcost        dcost        gap      pres      dres      k/t
 0: -2.2083e+00 -1.1542e+01  8e+00    5e-10     1e+00     1e+00
 1: -2.6138e+00 -3.6497e+00  8e-01    5e-10     1e-01     9e-02
 2: -2.9846e+00 -3.0236e+00  3e-02    5e-10     5e-03     4e-03
 3: -2.9998e+00 -3.0002e+00  3e-04    6e-10     5e-05     4e-05
 4: -3.0000e+00 -3.0000e+00  3e-06    6e-10     5e-07     4e-07
 5: -3.0000e+00 -3.0000e+00  3e-08    6e-10     5e-09     4e-09
Optimal solution found.
------------[ CVXOPT ]-------------
Solver claims optimal solution for feasible problem.
Applying the solution.
Applied solution is primal feasible.
Search 1.5e-02s, solve 2.1e-02s, overhead 38%.
=============[ PICOS ]=============
status: optimal
optimal value: -2.999999984639241
optimal solution
x:
[ 2.00e+00]
[ 2.00e+00]
```

この結果から, 最適値 $x_0 = 2, x_1 = 2$ において最適値 -3 を取ることがわかる.

　この線形最適化問題は, 行列を用いて表すこともできる. 行列を用いることで, 3つの不等式を1つの式で表すことができる. 行列を用いて表すと, 先の線形最適化問題は次のように表現できる.

$$\begin{array}{ll} \text{最小化} & \begin{bmatrix} -0.5 & -1 \end{bmatrix} \cdot \begin{bmatrix} x_0 & x_1 \end{bmatrix} \\ \text{制約条件} & \begin{bmatrix} -1 & 1 \\ 1 & 0 \\ 1 & 1 \end{bmatrix} \begin{bmatrix} x_0 \\ x_1 \end{bmatrix} \leq \begin{bmatrix} 0 \\ 3 \\ 4 \end{bmatrix}, \\ & x_0, x_1 \geq 0. \end{array}$$

こうして定めた行列 A，ベクトル $\boldsymbol{b}$ と $\boldsymbol{c}$ を用いて線形最適化問題を表すには，Python で行列とベクトルを表す必要がある．このために，CVXOPT パッケージ [6] の行列生成機能を用いる．まず，行列 A を表すには，`cvxopt.matrix()` の引数に行列 A の列を順に指定する．また，ベクトル $\boldsymbol{b}$ と $\boldsymbol{c}$ は，リストとして指定する．

```
import cvxopt as cvx
A = pic.Constant("A",cvx.matrix([[-1,1,1],[1,0,1]]))
b = [0,3,4]
c = [-0.5,-1]
```

変数は先ほどと同様に定義し，目的関数はベクトル $\boldsymbol{c}$ と $\boldsymbol{x}$ の内積 c|x として定義する．

```
P = pic.Problem()
x = pic.RealVariable("x",2)
objective = c|x
```

そして，定義した `objective` を目的関数として設定し，`Ax <= b` を制約式として設定する．この制約式により，3 つの不等式が同時に表せることになる．

```
P.set_objective("min",objective)
P.add_constraint(A*x <= b)
P.add_constraint(x >= 0)
```

こうして定義した問題を `print(P)` で表示すると，次のようになる．

```
---------------------
Linear Program
  minimize <[2x1], x>
  over
    2x1 real variable x
  subject to
    A*x <= [3x1]
```

---
[6] https://cvxopt.org

```
    x >= 0
----------------------
```

今度は，3つの制約式は別々の制約式ではなく，行列 A による1つの不等式 $Ax \le b$ であると認識されていることがわかる．これを解いて最適値と最適解を表示するには，次の命令を実行すればよい．

```
solution = P.solve(solver="cvxopt")
print("status:",solution.claimedStatus)
print("optimal value:",P.value)
print("optimal solution")
print("x:")
print(x.value)
```

まとめると，行列を用いた線形最適化問題の表し方は，次のとおりである．

```
import picos as pic
import cvxopt as cvx
pic.ascii()
A = pic.Constant("A",cvx.matrix([[-1,1,1],[1,0,1]]))
b = [0,3,4]
c = [-0.5,-1]
P = pic.Problem()
x = pic.RealVariable("x",2)
objective = c|x
P.set_objective("min",objective)
P.add_constraint(A*x <= b)
P.add_constraint(x >= 0)
P.options.verbosity = 1
solution = P.solve(solver="cvxopt")
print("status:",solution.claimedStatus)
print("optimal value:",P.value)
print("optimal solution")
print("x:")
print(x.value)
```

このプログラムを実行すると，次の表示が得られる．

```
=================================
            PICOS 2.0.8
=================================
Problem type: Linear Program.
Searching a solution strategy for CVXOPT.
```

```
Solution strategy:
  1. ExtraOptions
  2. CVXOPTSolver
Applying ExtraOptions.
Building a CVXOPT problem instance.
Starting solution search.
------------------------------------
 Python Convex Optimization Solver
    via internal CONELP solver
------------------------------------
     pcost        dcost        gap     pres     dres     k/t
 0: -2.2083e+00  -1.1542e+01  8e+00   5e-10    1e+00    1e+00
 1: -2.6138e+00  -3.6497e+00  8e-01   5e-10    1e-01    9e-02
 2: -2.9846e+00  -3.0236e+00  3e-02   5e-10    5e-03    4e-03
 3: -2.9998e+00  -3.0002e+00  3e-04   6e-10    5e-05    4e-05
 4: -3.0000e+00  -3.0000e+00  3e-06   6e-10    5e-07    4e-07
 5: -3.0000e+00  -3.0000e+00  3e-08   6e-10    5e-09    4e-09
Optimal solution found.
------------[ CVXOPT ]-------------
Solver claims optimal solution for feasible problem.
Applying the solution.
Applied solution is primal feasible.
Search 7.7e-03s, solve 1.4e-02s, overhead 81%.
=============[ PICOS ]=============
status: optimal
optimal value: -2.999999984639241
optimal solution
x:
[ 2.00e+00]
[ 2.00e+00]
```

当然であるが，先に述べた，3 つの不等式を別々に記述する表現と同じ最適値が得られる．

(b)　二次錐最適化問題

二次錐最適化問題も錐線形最適化問題の 1 つであり，線形最適化問題を拡張した問題と捉えることができる．二次錐最適化問題は，次のように表される数理最適化問題である．

$$
\begin{array}{ll}
最小化 & \boldsymbol{c} \cdot \boldsymbol{x} \\
制約 & \boldsymbol{a}_i \cdot \boldsymbol{x} = b_i \quad (i = 1, 2, \ldots, m), \\
& \boldsymbol{x} \succeq_{\mathbb{S}} \boldsymbol{0}.
\end{array}
$$

線形最適化問題のときと同様に，ベクトル $\boldsymbol{a}_i$ を第 i 行とする $m \times n$ の行列 A を用いて次のように表すこともできる．

$$
\begin{array}{ll}
最小化 & \boldsymbol{c} \cdot \boldsymbol{x} \\
制約 & A\boldsymbol{x} = \boldsymbol{b}, \\
& \boldsymbol{x} \succeq_{\mathbb{S}} \boldsymbol{0}.
\end{array}
$$

ここで，線形最適化問題と二次錐最適化問題との違いは，$\boldsymbol{x} \geq \boldsymbol{0}$ であるか $\boldsymbol{x} \succeq_{\mathbb{S}} \boldsymbol{0}$ であるかの違いである．この $\boldsymbol{x} \succeq_{\mathbb{S}} \boldsymbol{0}$ は**二次錐制約 (second-order cone constraints)** とよばれ，ベクトル $\boldsymbol{x} = \begin{bmatrix} x_0 & x_1 & \cdots & x_{n-1} \end{bmatrix}$ の要素が

$$
x_0 \geq \sqrt{x_1^2 + x_2^2 + \cdots + x_{n-1}^2} \tag{3.5}
$$

を満たすことを表す．

二次錐最適化問題の例として次のものを扱う．

$$
\begin{array}{llllllll}
最小化 & x_0 & + & 2x_1 & + & 3x_2 & & \\
制約 & x_0 & + & 2x_1 & + & 2x_2 & \leq & 10, \\
& 3x_0 & & & + & x_2 & \leq & 11, \\
& 4x_0 & + & 3x_1 & + & 2x_2 & \leq & 20, \\
& \boldsymbol{x} \succeq_{\mathbb{S}} \boldsymbol{0}. & & & & & &
\end{array}
$$

この問題例を PICOS を用いて表現するプログラムは，次のとおりである．

```
import picos as pic
pic.ascii()
P = pic.Problem()
x = pic.RealVariable("x",3)
P.add_constraint(x[0] + 2*x[1] + 2*x[2] <= 10)
P.add_constraint(3*x[0] + x[2] <= 11)
P.add_constraint(4*x[0] + 3*x[1] + 2*x[2] <= 20)
P.add_constraint(abs(x[1:]) <= x[0])
objective = 1*x[0] + 2*x[1] + 3*x[2]
P.set_objective("min",objective)
print(P)
solution = P.solve(solver="cvxopt")
```

```
print("status:",solution.claimedStatus)
print("optimal value:",P.value)
print("optimal solution:")
print("x:")
print(x.value)
```

二次錐制約 (3.5) は，8 行目の abs(x[1:]) <= x[0] で表されている.

このプログラムを実行すると，次のような結果が得られる.

```
------------------------------------
Second Order Cone Program
  minimize x[0] + 2*x[1] + 3*x[2]
  over
    3x1 real variable x
  subject to
    x[0] + 2*x[1] + 2*x[2] <= 10
    3*x[0] + x[2] <= 11
    4*x[0] + 3*x[1] + 2*x[2] <= 20
    ||x[1:]|| <= x[0]
------------------------------------
status: optimal
optimal value: -13.472193571632165
optimal solution
x:
[ 5.25e+00]
[-2.25e+00]
[-4.74e+00]
```

2 行目をみると，PICOS はこの問題が二次錐最適化問題 (SOCP) であることを認識していることがわかる. add_constraint() で二次錐制約を追加すると，自動的に SOCP であることが認識されるのである. プログラムで abs(x[1:])<=x[0] と指定した二次錐制約は，画面では

　　　　||x[1:]|| <= x[0]

として表示されている. ||x[1]:|| は $\sqrt{x_1^2 + x_2^2 + \cdots + x_{n-1}^2}$ のことであるから，これは確かに二次錐制約 (3.5) を表すことがわかる. そして，この SOCP は，最適解 $(x_0, x_1, x_2) = (5.25, -2.25, -4.74)$ で最適値 -13.47 を取ることがわかる.

上のプログラムでは，二次錐制約 (3.5) 以外の 3 つの線形不等式を別々に

入力したが，線形最適化問題のときと同様に，まとめて 1 つの行列 A で入力することができる．3 つの不等式をまとめて $A\boldsymbol{x} \leq \boldsymbol{b}$ の形で表すと，

$$\begin{bmatrix} 1 & 2 & 2 \\ 3 & 0 & 1 \\ 4 & 3 & 2 \end{bmatrix} \begin{bmatrix} x_0 \\ x_1 \\ x_2 \end{bmatrix} \leq \begin{bmatrix} 10 \\ 11 \\ 20 \end{bmatrix}$$

となる．これを PICOS を用いて表すと，次のようになる．

```
import picos as pic
import cvxopt as cvx
pic.ascii()
A = pic.Constant("A",cvx.matrix
    ([[1,3,4],[2,0,3],[2,1,2]]))
b = [10,11,20]
c = [1,2,3]

P = pic.Problem()
x = pic.RealVariable("x",3)
objective = c|x
P.set_objective("min",objective)
P.add_constraint(A*x <= b)
P.add_constraint(abs(x[1:]) <= x[0])
print(P)
solution = P.solve(solver="cvxopt")
print("status:",solution.claimedStatus)
print("optimal value:",P.value)
print("optimal solution")
print("x:")
print(x.value)
```

同じ問題を解いているから当然ではあるが，3 つの不等式を別々に表したプログラムを実行したときと同じ最適値が得られる．

```
--------------------------
Second Order Cone Program
  minimize <[3x1], x>
  over
    3x1 real variable x
  subject to
    A*x <= [3x1]
    ||x[1:]|| <= x[0]
```

```
------------------------
status: optimal
optimal value: -13.472193571632163
optimal solution
x:
[ 5.25e+00]
[-2.25e+00]
[-4.74e+00]
```

(c)　半正定値最適化問題

　半正定値最適化問題は，行列を変数とした最適化問題であり，線形の制約式 $A_i \bullet X = b_i$ を満たす半正定値行列の中で，線形の目的関数 $C \bullet X$ を最小にするものを求める問題である．数式で表すと，次のとおりである．

$$\left|\begin{array}{ll} 最小化 & C \bullet X \\ 制約 & A_i \bullet X = b_i \qquad (i = 1, 2, \ldots, m), \\ & X \succeq O, X \in \mathcal{S}^n. \end{array}\right.$$

ここで，行列 X, Y に対して，内積 $X \bullet Y$ は $X \bullet Y = \sum_{i,j} X_{ij} Y_{ij}$ と定義する．ベクトル $\boldsymbol{x} = \begin{bmatrix} x_1 & x_2 & \cdots & x_n \end{bmatrix}$ を対角成分にもつ**対角行列 (diagonal matrix)** を

$$\mathrm{diag}(\boldsymbol{x}) = \begin{bmatrix} x_1 & 0 & \cdots & 0 \\ 0 & x_2 & 0 & 0 \\ \vdots & 0 & \ddots & 0 \\ 0 & 0 & 0 & x_n \end{bmatrix}$$

と表すことにすると，ベクトル $\boldsymbol{a}_i$ とベクトル $\boldsymbol{x}$ の内積 $\boldsymbol{a}_i \cdot \boldsymbol{x}$ は $\mathrm{diag}(\boldsymbol{a}_i) \bullet \mathrm{diag}(\boldsymbol{x})$ に等しくなる．したがって，線形最適化問題は次の半正定値最適化問題として表すことができる．

$$\begin{array}{ll} 最大化 & \mathrm{diag}(\boldsymbol{c}) \bullet \mathrm{diag}(\boldsymbol{x}) \\ 制約 & \mathrm{diag}(\boldsymbol{a}_i) \bullet \mathrm{diag}(\boldsymbol{x}) = b_i \quad (i = 1, 2, \ldots, m), \\ & \mathrm{diag}(\boldsymbol{x}) \succeq O. \end{array}$$

前の線形最適化の問題例 (3.4) を，この方法で半正定値最適化問題として表現すると，次のようになる．

$$\text{最小化}\quad \begin{bmatrix} -0.5 & 0 \\ 0 & -1 \end{bmatrix} \bullet \begin{bmatrix} x_0 & 0 \\ 0 & x_1 \end{bmatrix}$$

$$\text{制約}\quad \begin{bmatrix} -1 & 0 \\ 0 & 1 \end{bmatrix} \bullet \begin{bmatrix} x_0 & 0 \\ 0 & x_1 \end{bmatrix} \leq 0,$$

$$\begin{bmatrix} 1 & 0 \\ 0 & 0 \end{bmatrix} \bullet \begin{bmatrix} x_0 & 0 \\ 0 & x_1 \end{bmatrix} \leq 3,$$

$$\begin{bmatrix} 1 & 0 \\ 0 & 1 \end{bmatrix} \bullet \begin{bmatrix} x_0 & 0 \\ 0 & x_1 \end{bmatrix} \leq 4,$$

$$\begin{bmatrix} x_0 & 0 \\ 0 & x_1 \end{bmatrix} \succeq O.$$

さらに，この半正定値最適化問題を PICOS で表現すると，次のようになる．

```
import picos as pic
import cvxopt as cvx
pic.ascii()
A = {}
A[0] = pic.Constant("A[0]",cvx.matrix([[-1,0],[0,1]]))
A[1] = pic.Constant("A[1]",cvx.matrix([[1,0],[0,0]]))
A[2] = pic.Constant("A[2]",cvx.matrix([[1,0],[0,1]]))
C = pic.Constant("C",cvx.matrix([[-0.5,0],[0,-1]]))
b = [0,3,4]
P = pic.Problem()
X = pic.SymmetricVariable("X",(2,2))
P.add_constraint(A[0]|X<=b[0])
P.add_constraint(A[1]|X<=b[1])
P.add_constraint(A[2]|X<=b[2])
P.add_constraint(X>>0)
objective = C|X
P.set_objective("min",objective)
print(P)
solution = P.solve(solver = "cvxopt")
print("status:",solution.claimedStatus)
print("optimal value:",P.value)
print("optimal solution")
print("x:")
print(x.value)
```

ここで，16 行目の C|X で用いている記号 | は，行列どうしの内積 • を表している．また，行列 X が半正定値であることを表す $X \succeq O$ は，PICOS では

簡単に X>>0 で表すことができる．このプログラムを実行すると，次のような結果を得る．

```
----------------------------
Semidefinite Program
  minimize <C, X>
  over
    2x2 symmetric variable X
  subject to
    <A[0], X> <= 0
    <A[1], X> <= 3
    <A[2], X> <= 4
    X >> 0
----------------------------
status: optimal
optimal value: -2.999999984639241
optimal solution
X:
[ 2.00e+00   0.00e+00]
[ 0.00e+00   2.00e+00]
```

これより，最適値は -3 であり，(3.4) を線形最適化問題として解いたときの最適値と一致する．また，最適解は

$$\begin{bmatrix} 2 & 0 \\ 0 & 2 \end{bmatrix}$$

であり，これも線形最適化問題として解いたときの最適解と一致する．このように，線形最適化問題は半正定値最適化問題として解くことができる．

もう 1 つの半正定値最適化問題の問題例を，双対問題の形で示す．

$$\left| \begin{array}{l} \text{最大化} \quad 5y_0 + 7y_1 \\ \text{制約} \quad Z = \begin{bmatrix} 1 & 1 & 2 \\ 1 & 5 & 0 \\ 2 & 0 & 7 \end{bmatrix} - y_0 \begin{bmatrix} 1 & 0 & 1 \\ 0 & 3 & 4 \\ 1 & 4 & 5 \end{bmatrix} - y_1 \begin{bmatrix} 0 & 2 & 3 \\ 2 & 5 & 0 \\ 3 & 0 & 4 \end{bmatrix} \succeq O. \end{array} \right.$$

これを解くための PICOS のプログラムは次のとおりである．

```
import picos as pic
import cvxopt as cvx
pic.ascii()
P = pic.Problem()
```

```
A = {}
A[0] = pic.Constant("A[0]",cvx.matrix
    ([[1,0,1],[0,3,4],[1,4,5]]))
A[1] = pic.Constant("A[1]",cvx.matrix
    ([[0,2,3],[2,5,0],[3,0,4]]))
C = pic.Constant("C",cvx.matrix
    ([[1,1,2],[1,5,0],[2,0,7]]))
b = pic.Constant("b",[5,7])
y = P.RealVariable("y",2)
P.set_objective("max",b|y)
P.add_constraint(C-y[0]*A[0]-y[1]*A[1]>>0)
print(P)
solution = P.solve(solver="cvxopt")
print("status:",solution.claimedStatus)
print("optimal value:",P.value)
print("optimal solution")
print("y:")
print(y.value)
```

これを実行すると，次の結果を得る．

```
------------------------------
Semidefinite Program
  maximize <b, y>
  over
    2x1 real variable y
  subject to
    C - y[0]*A0 - y[1]*A1 >> 0
------------------------------
==================================
             PICOS 2.0.8
==================================
Problem type: Semidefinite Program.
Searching a solution strategy for CVXOPT.
Solution strategy:
  1. ExtraOptions
  2. CVXOPTSolver
Applying ExtraOptions.
Building a CVXOPT problem instance.
Starting solution search.
------------------------------------
 Python Convex Optimization Solver
```

```
      via internal CONELP solver
------------------------------------
      pcost         dcost         gap       pres      dres      k/t
 0: -7.4174e+00  -2.2554e+01    1e+01     4e-01     2e+00     1e+00
 1: -6.2855e+00  -6.9659e+00    3e-01     2e-02     9e-02     2e-01
 2: -6.1996e+00  -6.2174e+00    8e-03     6e-04     2e-03     5e-03
 3: -6.1982e+00  -6.1989e+00    3e-04     2e-05     9e-05     2e-04
 4: -6.1982e+00  -6.1982e+00    6e-06     5e-07     2e-06     5e-06
 5: -6.1982e+00  -6.1982e+00    1e-07     1e-08     4e-08     9e-08
 6: -6.1982e+00  -6.1982e+00    3e-09     2e-10     9e-10     2e-09
Optimal solution found.
------------[ CVXOPT ]-------------
Solver claims optimal solution for feasible problem.
Applying the solution.
Applied solution is primal feasible.
Search 3.8e-03s, solve 1.3e-02s, overhead 241%.
=============[ PICOS ]=============
status: optimal
optimal value: 6.198188483250858
optimal solution
y:
[ 1.60e-01]
[ 7.71e-01]
```

CVXOPT が内点法を実行して最適値 6.198 を得たことがわかる.

3.3　ネットワーク最適化問題

NetworkX の使い方

　NetworkX は, ネットワークの生成・操作を行うための Python パッケージである[7]. もともとは, **複雑ネットワーク (complex network)** の研究のために開発されたものであるが, ネットワーク上の最適化問題である最短路問題や最大流問題を解くことができる. NetworkX では, ネットワークのことを一貫してグラフ (graph) とよんでいることに注意する.

　NetworkX の機能を用いるには, `import networkx` を実行する. ここでは, `nx` とよべるようにインポートする.

---

[7] https://networkx.github.io/

```
import networkx as nx
```

NetworkX を用いて無向グラフを生成するには，次の命令を実行する．

```
G = nx.Graph()
```

これで，頂点集合と辺集合が共に空の無向グラフが生成される．

(a) グラフの表現方法

無向グラフ G は，頂点の集合と辺の集合で定義される．ただし，辺は頂点のペアからなる．NetworkX では，頂点はハッシュ可能 (hashable) なオブジェクトであれば何でもよいので，いろいろな対象をグラフとして表現することができる．

グラフ G に頂点を追加する方法には様々なものが用意されている．そのうちの 1 つが，add_node() である．例えば，グラフ G に 3 つの頂点，すなわち，整数 1，整数 2，文字列 "n1" を表す頂点を追加するには，次のようにする．

```
G.add_node(1)
G.add_node(2)
G.add_node("n1")
```

これにより，3 つの頂点が G に加わる．これらを画面に表示するには，

```
print(G.nodes)
```

とするとよい．その結果，次のように表示される．

```
[1, 2, 'n1']
```

add_node() と並んで便利に使えるのが，add_nodes_from() である．これは，引数に与えたリストの要素をまとめて頂点としてグラフに加えるものである．例えば，頂点 3, 4, "n2" を加えるには，次のようにする．

```
G.add_nodes_from([3, 4,"n2"])
```

引数は，リスト以外にもイテレート可能なコンテナ (container) であれば何でもよい．

辺を追加するためにも同様な機能 add_edge()，add_edges_from() が用意されている．G に辺 (1,2) を追加するには，次のようにする．

```
G.add_edge(1, 2)
G.add_edges_from([(1, 2),(2,"n1")])
```

辺 (1,2) の端点 1 と 2 がまだ G に存在していなければ，add_edge() および add_edges_from() の実行時に自動的に追加される．すでに存在する辺を追加しようとしたときは，NetworkX は警告は出さず，また，G に変化はないので注意が必要である．

　現在のグラフに含まれる頂点を知るには，G.nodes をみるとよい．例えば，次の命令は G の頂点を表示する．

```
print(G.nodes)
```

```
[1, 2, 'n1', 3, 4, 'n2']
```

同様に，辺を知るには G.edges をみるとよい．

```
print(G.edges)
```

```
[(1, 2), (2, 'n1')]
```

グラフのサイズを知る際によく用いるものとして，G.number_of_nodes() と G.number_of_edges() がある．次の命令を実行すると，グラフの頂点数と辺数が表示される．

```
print(G.number_of_nodes(),",",G.number_of_edges())
```

```
6 , 2
```

　NetworkX のグラフでは，辺に**属性 (attributes)** を持たせることができる．例えば，辺 (1,3) に distance という属性と time という属性を持たせたければ，次の方法で辺を追加すればよい．

```
G.add_edge(1, 3, distance=7, time=15)
print(G[1][3])
```

```
{'distance': 7, 'time': 15}
```

G[1][3] は辺 (1,3) の情報を表すものであるが，これは**辞書 (dictionary)** になっている．具体的には属性 distance の値 7 は，この辞書で distance をキーとする値として記録されている．したがって，G[1][3]['distance'] に

より辺 $(1,3)$ の属性 distance の値を得ることができる．同様に，辺 $(1,3)$ の属性 time の値 15 は，G[1][3]['time'] によって得られる．

　属性の名前を直接書かずに辺の**重み (weight)** を指定する機能も用意されている．add_weighted_edges_from() を用いれば，両端点と重みの 3 つ組を引数とすることで，重みつきの辺を追加することができる．この場合，追加された辺の重みは，weight という属性の値として設定される．次の命令は，重み 3.0 をもつ辺 $(0,1)$ と重み 7.5 をもつ辺 $(1,2)$ を追加するものである．

```
G.add_weighted_edges_from([(0,1,3.0),(1,2,7.5)])
print(G[0][1])
```

```
{'weight': 3.0}
```

```
print(G[1][2])
```

```
{'weight': 7.5}
```

　ネットワーク最適化問題では，辺に移動時間や移動コストなどの情報を関連づけることが多い．この関連づけのために，NetworkX の属性を便利に用いることができる．辺の属性としては，数値（整数，小数など）に限らず，オブジェクトであればなんでも持たせることができる．例えば，分枝限定法の実行過程を表すのに分枝木とよばれる特別なグラフが用いられる．このグラフでは，各頂点に数理最適化問題が関連づけられる．このような場合でも，各頂点の属性として数理最適化問題オブジェクトを関連づければ，NetworkX のグラフとして表すことができる．

　無向グラフでは Graph() を用いたが，有向グラフを定義するには，DiGraph() を用いる．

```
dG = nx.DiGraph()
```

有向グラフに対して弧を定義するには，無向グラフで用いたのと同様に add_weighted_edges_from() を用いる．引数としては，弧とその重みを表すリストを指定する．リストの要素は，(始点, 終点, 重み) とする．次の例は，有向グラフ dG に，重み 0.5 をもつ弧 $(1,2)$ と重み 0.75 をもつ弧 $(3,1)$ を加えるものである．

```
dG.add_weighted_edges_from([(1,2,0.5),(3,1,0.75)])
print(dG.edges)
```

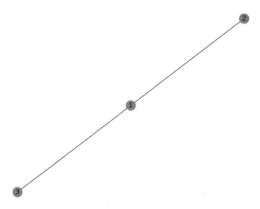

図 **3.2**　有向グラフの描画例

```
[(1,2),(3,1)]
```

(b)　グラフの描画

　NetworkX のグラフは，Matplotlib[8] パッケージの機能を用いて描画することができる．Matplollib の機能を用いるために，次の命令でインポートする．

```
import matplotlib.pyplot as plt
```

JupyterLab の Notebook 内に描画する場合は，次のように %matplotlib inline を加えるとよい．

```
%matplotlib inline
import matplotlib.pyplot as plt
```

グラフ G を，頂点の名前つきで描画するには，nx.draw(G,with_labels = True) を用いる．

```
G = nx.Graph()
G.add_edges_from([(1,2),(1,3)])
nx.draw(G,with_labels = True)
```

引数に with_labels = True を指定することで，頂点の名前が表示される．図 3.2 に描画した例を示す．

　描画したものをファイルとして保存するには，plt.savefig() を用いる．例えば，前の命令で描画した図を g1.eps という名前のファイルとして保存す

---

8) https://matplotlib.org/

るには，次の命令を実行する．

```
plt.savefig("g1.eps")
```

(c) グラフの操作

　生成したグラフに対しては様々な操作をすることができる．例えば，グラフGに追加した点や辺をすべて削除するには，G.clear() を実行するとよい．

```
G = nx.Graph()
G.add_edges_from([(1,2),(1,3)])
print("number of nodes:",G.number_of_nodes())
print("number of edges:",G.number_of_edges())
G.clear()
print("after clear():",G.number_of_nodes())
print("after clear():",G.number_of_edges())
```

```
number of nodes: 3
number of edges: 2
after clear(): 0
after clear(): 0
```

頂点を1つずつ取り除くには，remove_node() を用いる．

```
G = nx.Graph()
G.add_edges_from([(1,2),(1,3)])
print("all edges:",G.edges)
print("all nodes:",G.nodes)
G.remove_node(2)
print("after remove_node(2):",G.edges)
print("after remove_node(2):",G.nodes)
```

```
all edges: [(1, 2), (1, 3)]
all nodes: [1, 2, 3]
after remove_node(2): [(1, 3)]
after remove_node(2): [1, 3]
```

また，複数の点を取り除くには remove_nodes_from() を用いる．
　remove_nodes_from() の引数には，削除したい点を要素とするリストを与える．

```
G = nx.Graph()
```

```
G.add_edges_from([(1,2),(1,3),(2,4)])
print("all nodes:",G.nodes)
G.remove_nodes_from([1,3])
print("after remove_nodes_from([1,3]):",G.nodes)
```

```
all nodes: [1, 2, 3, 4]
after remove_nodes_from([1,3]): [2, 4]
```

与えられたグラフ G に対して行うことのできる操作の例として，次のものが
挙げられる．

- subgraph(G,nbunch): nbunch で示される頂点集合から誘導される G の
  部分グラフ (subgraph) を返す．
- complement(G): グラフ G の補グラフ (complement graph) を返す．
- to_undirected(G): グラフ G を無向グラフに変換したものを返す．
- to_directed(G): グラフ G を有向グラフに変換したものを返す．

7 つの頂点 1, 2, 3, 4, 5, 6, 7 からなるグラフ（図 3.3 の左側）の部分グラフ
で，頂点 5, 6, 7 によって誘導されるものを求めて描画するには，次の命令を
実行する．

```
G = nx.Graph()
G.add_edges_from
    ([(1,2),(1,4),(2,3),(2,5),(3,6),(4,5),(4,7),(5,6),\
    (5,7),(6,7)])
sG = nx.subgraph(G,[5,6,7])
plt.subplot(121)
nx.draw(G,with_labels = True)
plt.subplot(122)
nx.draw(sG,with_labels = True)
plt.savefig("subgraph.eps")
```

ここでは，subplot() を用いて 2 つのグラフの描画箇所を指定している．
subplot() の引数 121 の 1 番目の数字 1 は，（縦方向に）何行の図を描く
かを指定する．また，2 番目の数字 2 は（横方向に）何列の図を描くかを指定
している．ここでは，1 番目の数字が 1，2 番目の数字が 2 なので，縦方向に 1
行，横方向に 2 列の描画区画を設定していることになる．3 番目の引数では，
描画箇所を何番目にするかを指定している．plt.subplot(121) は，描画箇
所を 1 行 2 列の区画のうちの 1 番目に指定する．したがって，この直後に実

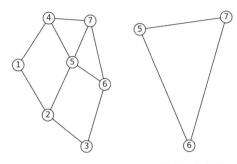

図 **3.3**　グラフ（左）と subgraph() で得られた部分グラフ（右）

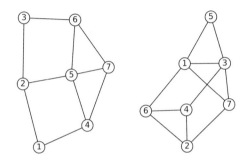

図 **3.4**　グラフ（左）と complement() で得られた補グラフ（右）

行される7行目の nx.draw(G,with_labels = True) によって，グラフ G が1番目の箇所（1行1列の位置）に描画される．次に，plt.subplot(122) によって描画箇所を2番目に変更する．この直後に実行される9行目の nx.draw(sG,with_labels = True) により，グラフ sG が2番目の箇所（第1行第2列の位置）に描画される．こうして描画したものを，図3.3に示す．

　同じく，グラフ G に対してその補グラフ cG を図3.4に示す．補グラフを求めたいグラフ G を，complement() の引数として与える．

```
cG = nx.complement(G)
plt.subplot(121)
nx.draw(G,with_labels = True)
plt.subplot(122)
nx.draw(cG,with_labels = True)
```

　有向グラフ G を無向グラフに変換する関数が，to_undirected() である．4つの頂点 1, 2, 3, 4 と4本の弧からなる有向グラフを to_undirected() によって無向グラフに変換し，それら2つのグラフを描き，さらにファイル to_undirected.eps として保存するプログラムは次のとおりである．

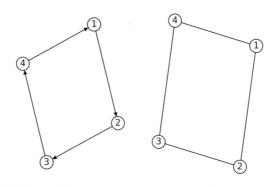

図 3.5　有向グラフ（左）と，`to_undirected()` で得られた無向グラフ（右）

```
dG = nx.DiGraph()
nx.add_path(dG,[1,2,3,4,1])
udG = dG.to_undirected()
plt.subplot(121)
nx.draw(dG,with_labels = True)
plt.subplot(122)
nx.draw(udG,with_labels = True)
plt.savefig("to_undirected.eps")
print("all edges dG:",dG.edges)
print("all edges udG:",udG.edges)
```

このプログラムでは，まず，`nx.add_path(dG,[1,2,3,4,1])` によって，頂点 $1, 2, 3, 4$ と，弧 $(1,2), (2,3), (3,4), (4,1)$ からなる有向グラフ `dG` を生成している．そして，その有向グラフを無向グラフに変換して `udG` としている．さらに，これらのグラフを横に並べて描画し，eps ファイルとして保存している．こうして得られたグラフを描画したものを，図 3.5 に示す．弧を描画すると，行き先に向かって矢印がつけられる．図 3.5 の左に示したグラフ `dG` では弧に矢印がついているが，右側のグラフ `udG` では矢印がついていない．また，それぞれのグラフの弧と辺を `print()` で表示した結果は次のとおりである．

```
all edges dG: [(1, 2), (2, 3), (3, 4), (4, 1)]
all edges udG: [(1, 2), (1, 4), (2, 3), (3, 4)]
```

　逆に，無向グラフを有向グラフに変換する関数が `to_directed()` である．3 つの頂点 $1, 2, 3$ と 3 本の弧からなる無向グラフを `to_directed()` によって有向グラフに変換し，それら 2 つのグラフを並べて描画した結果をファイル `to_directed.eps` に保存するプログラムは次のとおりである．

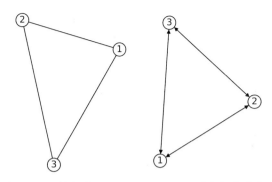

図 3.6 無向グラフ（左）と，`to_directed()` で得られた有向グラフ（右）

```
udG = nx.Graph()
nx.add_path(udG,[1,2,3,1])
dG = udG.to_directed()
plt.subplot(121)
nx.draw(udG,with_labels = True)
plt.subplot(122)
nx.draw(dG,with_labels = True)
plt.savefig("to_directed.eps")
print("all edges udG:",udG.edges)
print("all edges dG:",dG.edges)
```

こうして得られたものを，図 3.6 に示す．また，それぞれのグラフの辺と弧を表示した結果は次のとおりである．

```
all edges udG: [(1, 2), (1, 3), (2, 3)]
all edges dG: [(1, 2), (1, 3), (2, 1), (2, 3), (3, 2),
    (3, 1)]
```

`to_directed()` によって得られる有向グラフでは，もとの無向グラフにおける 1 つの辺 $\{i, j\}$ に対して，2 つの弧 $(i, j), (j, i)$ が定義される．

有向グラフ dG を無向グラフ udG に変換する際，もとの dG に同じ 2 頂点間 i, j を逆向きに結ぶ弧 $(i, j), (j, i)$ がある場合は注意が必要である．弧に属性が設定されている場合，(i, j) と (j, i) のうちで，dG に後で追加された属性の値が無向グラフにおける辺 $\{i, j\}$ の属性の値となる．次のプログラムは，$(2, 3)$ と $(3, 2)$ という逆向きの弧を含む有向グラフを無向グラフに変換する例である．

```
dG = nx.DiGraph()
```

```
dG.add_edges_from([(1, 2, {'weight': 12}),(2, 3, {'weight
    ': 23}),(1, 3, {'weight': 31}),(3, 2, {'weight':
    100}),])
udG = dG.to_undirected()
print("dG edges.data():",dG.edges.data())
print("udG edges.data():",udG.edges.data())
```

この出力結果は次のとおりである.

```
dG edges.data(): [(1, 2, {'weight': 12}), (1, 3, {'weight
    ': 31}), (2, 3, {'weight': 23}), (3, 2, {'weight':
    100})]
udG edges.data(): [(1, 2, {'weight': 12}), (1, 3, {'
    weight': 31}), (2, 3, {'weight': 100})]
```

有向グラフ dG には,頂点 2 と 3 の間に逆向きの 2 本の弧 (2,3) と (3,2) が定義されており,重み weight はそれぞれ 23, 100 である.このグラフを変換して得られる udG では,頂点 2 と 3 の間の辺 {2,3} の重みは,100 となっていることに注意する.

複数のグラフに対する操作の例として,次のものが挙げられる.

- union(G1,G2): グラフ G1 と G2 の和集合 (union) を返す.
- disjoint_union(G1,G2): グラフ G1 と G2 の頂点を共有しない和集合を返す.ただし,G1 と G2 に含まれる頂点は,いずれも整数のラベルをもつと仮定する.結果として得られるグラフでは,G1 と G2 に含まれる頂点は,0 からの通し番号に変わる.
- compose(G1,G2): グラフ G1 と G2 を結合する.G1 と G2 に同じラベルの頂点が含まれていれば,それらは同一の頂点とみなす.
- cartesian_product(G1,G2): グラフ G1 と G2 の直積 (direct product) を返す.

次のプログラムは,点 1, 2, 3 からなるグラフ G1 と点 2, 3 からなるグラフ G2 に対して disjoint_union(G1,G2) を求めるものである.

```
G1 = nx.Graph()
G1.add_edges_from([(1,2),(1,3),(2,3)])
G2 = nx.Graph()
G2.add_edges_from([(2,3)])
cG = nx.disjoint_union(G1,G2)
nx.draw(cG,with_labels = True)
```

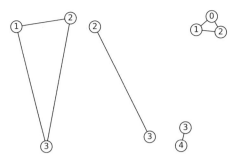

図 3.7 もとの 2 つのグラフ（左, 中）と disjoint_union() で得られるグラフ（右）

```
print("G1.edges:",G1.edges)
print("G2.edges:",G2.edges)
print("cG.edges:",cG.edges)
```

これを実行して得られる結果は次のとおりである.

```
G1.edges: [(1, 2), (1, 3), (2, 3)]
G2.edges: [(2, 3)]
cG.edges: [(0, 1), (0, 2), (1, 2), (3, 4)]
```

disjoint_union(G1,G2) は, G1, G2 の頂点はいずれも整数のラベルをもつと仮定している. G1 の頂点の数を n_1, G2 の頂点の数を n_2 とすると, G1 の頂点のラベルを $0, 1, \ldots, n_1-1$ に, G2 の頂点のラベルを $n_1, n_1+1, \ldots, n_1+n_2-1$ につけかえた上で, G1 の頂点集合と G2 の頂点集合の和集合, そして G1 の辺集合と G2 の辺集合の和集合とから構成されるグラフを返す. もとの 2 つのグラフと disjiont_union() により得られるグラフを図 3.7 に示す. グラフ G1 の頂点 1, 2, 3 に対応する頂点のラベルは 0, 1, 2 となり, グラフ G2 の頂点 2, 3 に対応する頂点のラベルは 3, 4 となっていることに注意する.

　2 つのグラフで同じラベルをもつ頂点を同一のラベルとして扱う場合は, compose() を用いる. 次のプログラムは, 3 つの頂点 1, 2, 3 をもつグラフ G1 と 2 つの頂点 3, 4 をもつグラフ G2 に対して compose() を実行するものである.

```
G1 = nx.Graph()
G1.add_edges_from([(1,2),(1,3),(2,3)])
G2 = nx.Graph()
G2.add_edges_from([(3,4)])
cG = nx.compose(G1,G2)
print("G1.edges:",G1.edges)
```

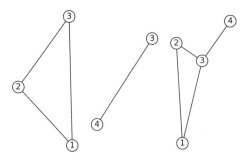

図 **3.8**　2 つのグラフ（左，中）を compose により結合して得られるグラフ（右）

```
print("G2.edges:",G2.edges)
print("cG.edges:",cG.edges)
```

```
G1.edges: [(1, 2), (1, 3), (2, 3)]
G2.edges: [(3, 4)]
cG.edges: [(1, 2), (1, 3), (2, 3), (3, 4)]
```

disjoint_union() の場合と異なり，もとのグラフの頂点のラベルは書き換えられず，両方のグラフに含まれる頂点 3 は同一の頂点として扱われている．したがって，もとのグラフ G1 の点 3 にグラフ G2 の頂点 4 が追加され，頂点 3 と 4 を結ぶ辺 (3, 4) が追加されたグラフが得られる．

3.4　混合整数最適化問題

　混合整数最適化問題は，変数の一部に整数であることが課されている最適化問題の総称である．PICOS は変数に整数条件を課すことができる．ここでは，混合整数線形最適化問題，混合整数二次錐最適化問題，混合整数半正定値最適化問題を PICOS によって記述する方法を述べる．

PICOS の使い方

(a)　混合整数線形最適化問題

　混合整数線形最適化問題は，変数の一部に整数条件が課された線形最適化問題であり，次のように表される．

$$
\begin{aligned}
\text{最大化} \quad & \boldsymbol{b}^\top \boldsymbol{y} \\
\text{条件} \quad & \boldsymbol{z} = \boldsymbol{c} - \sum_{i=1}^{m} y_i \boldsymbol{a}_i \geq \boldsymbol{0}, \\
& \boldsymbol{z} \geq \boldsymbol{0}, \\
& \ell_i \leq y_i \leq u_i && (i \in 1, 2, \ldots, m), \\
& y_i : \text{整数} && (i \in I \subseteq \{1, 2, \ldots, m\}).
\end{aligned}
$$

ただし，$\boldsymbol{c} \in \mathbb{R}^n, \boldsymbol{x} \in \mathbb{R}^n, \boldsymbol{a}_i \in \mathbb{R}^n$ である．最後の制約は，m 次元ベクトル $\boldsymbol{y}$ の成分のうち，$y_i \ (i \in I)$ は整数でなければならない，という条件である．

問題例として，次のものを取り上げる．

$$
\begin{aligned}
\text{最大化} \quad & -4y_1 && - && 6y_2 && + && 4y_3 \\
\text{制約条件} \quad z_1 &= -3 && - (-3)y_1 && && && - 3y_3, \\
z_2 &= 11 && - (-3)y_1 && - (-3)y_2, \\
z_3 &= 2 && && - (-2)y_2 && - 5y_3, \\
& z_1, z_2, z_3 \geq 0, \\
& y_1, y_2 \geq 0, \\
& y_3 : \text{整数}.
\end{aligned}
$$

ここでは，変数 y_1, y_2, y_3 のうち y_3 に整数条件を課した．

この混合整数線形最適化問題を PICOS で解くためのプログラムは，次のとおりである．

```
import picos as pic
pic.ascii()
P = pic.Problem()
y = pic.RealVariable("y",2)
yint = pic.IntegerVariable("yint",1)
z = pic.RealVariable("z",3)
P.add_constraint(z[0]==-3-(-3)*y[0]-3*yint)
P.add_constraint(z[1]==11-(-3)*y[0]-(-3)*y[1])
P.add_constraint(z[2]==2-(-2)*y[1]-5*yint)

P.add_list_of_constraints( [y[i]>=0 for i in range(2)])
P.add_list_of_constraints( [z[i]>=0 for i in range(3)])

objective = -4*y[0] - 6*y[1] + 4*yint
P.set_objective('max',objective)
print(P)
```

```
solution = P.solve()
print("status:",solution.claimedStatus)
print("optimal value:",P.value)
print("optimal solution")
print("y:")
print(y.value)
print("yint:")
print(yint.value)
```

連続変数 y_1, y_2 はそれぞれ y[0],y[1] として定義し，整数変数 y_3 は yint と
して定義した．これを実行すると，次のような結果を得る．

```
------------------------------------
Mixed-Integer Linear Program
  maximize -4*y[0] - 6*y[1] + 4*yint
  over
    1x1 integer variable yint
    2x1 real variable y
    3x1 real variable z
  subject to
    z[0] = -3 + 3*y[0] - 3*yint
    z[1] = 11 + 3*y[0] + 3*y[1]
    z[2] = 2 + 2*y[1] - 5*yint
    y[i] >= 0 f.a. i in [0..1]
    z[i] >= 0 f.a. i in [0..2]
------------------------------------
status: optimal
optimal value: -3.9999999821868313
optimal solution
y:
[ 1.00e+00]
[-2.53e-09]

yint:
1.5456596468215172e-09
```

これより，得られた最適解は $\begin{bmatrix} y_1 & y_2 & y_3 \end{bmatrix} = \begin{bmatrix} 1 & 0 & 0 \end{bmatrix}$ であり，最適値は
-4 であることがわかる．

(b)　混合整数二次錐最適化問題

　混合整数二次錐最適化問題 (MISOCP) は，変数の一部に整数であることが

課されている二次錐最適化問題である.

$$
\begin{array}{ll}
\text{最大化} & \boldsymbol{b}^\top \boldsymbol{y} \\
\text{制約} & \boldsymbol{z} = \boldsymbol{c} - \displaystyle\sum_{i=1}^{m} y_i \boldsymbol{a}_i, \\
& \boldsymbol{z} \succeq_{\mathbb{S}} \boldsymbol{0}, \\
& \ell_i \leq y_i \leq u_i \qquad (i \in 1, 2, \ldots, m), \\
& y_i : \text{整数} \qquad (i \in I \subseteq \{1, 2, \ldots, m\}).
\end{array}
$$

ただし, $\boldsymbol{c} \in \mathbb{R}^n, \boldsymbol{z} \in \mathbb{R}^n, \boldsymbol{a}_i \in \mathbb{R}^n, \boldsymbol{y} \in \mathbb{R}^m$ である. 最後の制約は, m 次元ベクトル $\boldsymbol{y}$ の成分のうち, y_i $(i \in I)$ は整数でなければならない, という条件である.

問題例として, 先に挙げた混合整数線形最適化問題の例の非負条件を, 二次錐制約条件に変更したものを用いる.

$$
\begin{array}{lllllll}
\text{最大化} & & & -4y_1 & - & 6y_2 & + & 4y_3 \\
\text{制約} & z_1 & = & -3 & - & (-3)y_1 & & & - & 3y_3, \\
& z_2 & = & 11 & - & (-3)y_1 & - & (-3)y_2, \\
& z_3 & = & 2 & & & - & (-2)y_2 & - & 5y_3, \\
& \boldsymbol{z} & \succeq_{\mathbb{S}} & \boldsymbol{0}, \\
& y_1, y_2 \geq 0, \\
& y_3 : \text{整数}.
\end{array}
$$

ここでは, 変数 y_1, y_2, y_3 のうち y_3 に整数条件を課した.

この混合整数二次錐最適化問題を解くためのプログラムは次のとおりである.

```
import picos as pic
pic.ascii()
P = pic.Problem()
y = pic.RealVariable("y",2)
yint = pic.IntegerVariable("yint",1)
z = pic.RealVariable("z",3)
P.add_constraint(z[0] == -3 - (-3)*y[0] - 3*yint)
P.add_constraint(z[1] == 11 - (-3)*y[0] - (-3)*y[1])
P.add_constraint(z[2] == 2 - (-2)*y[1] - 5*yint)
P.add_list_of_constraints([ y[i] >= 0 for i in range(2)])
P.add_constraint(abs(z[1:]) <= z[0])

objective = -4*y[0] - 6*y[1] + 4*yint
P.set_objective('max',objective)
```

```
print(P)
solution = P.solve()
print("status:",solution.claimedStatus)
print("optimal value:",P.value)
print("optimal solution")
print("y:")
print(y.value)
print("yint:")
print(yint.value)
print("z:")
print(z.value)
```

このプログラムを実行したときの表示結果は次のようになる.

```
------------------------------------------
Mixed-Integer Second Order Cone Program
  maximize -4*y[0] - 6*y[1] + 4*yint
  over
    1x1 integer variable yint
    2x1 real variable y
    3x1 real variable z
  subject to
    z[0] = -3 + 3*y[0] - 3*yint
    z[1] = 11 + 3*y[0] + 3*y[1]
    z[2] = 2 + 2*y[1] - 5*yint
    y[i] >= 0 f.a. i in [0..1]
    ||z[1:]|| <= z[0]
------------------------------------------
status: optimal
optimal value: -125.94871779497001
optimal solution
y:
[ 2.25e+01]
[-1.95e-09]

yint:
-8.99999965929946
z:
[ 9.15e+01]
[ 7.85e+01]
[ 4.70e+01]
```

これより, 最適値として -125.95 が, 最適解として $y_1 = 22.5, y_2 = 0, y_3 = -9$

が得られることがわかる.

第4章

数式のかたちで分けられる最適化問題

4.1 線形最適化問題の解き方

一般的な線形最適化問題を Python で解く方法は 3.1 節で述べた。ここでは，具体的な問題として "栄養問題" を取り上げ，それを線形最適化問題として定式化し，Python で解く方法を述べる。また，線型最適化問題 (3.1) のすべての要素を陽に表す[*1] ことが難しい問題を解く方法として，**列生成 (column generation)** とよばれる方法と，**切除平面 (cutting plane)** とよばれる方法を述べる。

[*1] すべてのデータをあらかじめ与える。

4.1.1 栄養問題

あなたは小さな事務所を運営している。そしてあなたは，この事務所で過ごしているメンバーに毎日食事を提供することが求められている。各メンバーには毎日必要な栄養を摂ってもらう必要があるが，そのための出費はできるだけ小さくしたい。これを実現するために，毎日用意する食事の内容を決めなければならない。これがあなたに与えられた問題である。

この問題を解くためには，いくつかの情報が必要である。まず，入手可能な食品の種類とその費用を知らなければならない。また，それぞれの食品に含まれる各栄養素の量を知らなければならない。これらの情報があれば，毎日摂らなければならない量の栄養素を含み，かつ総費用が最小になる食品の組合せを見つけることができる。

食品の例としては，レタス，ハンバーガー，じゃがいも，そば，ピザなどが挙げられる。素材であろうと料理であろうと，含まれる栄養素と費用が設定されているものであればなんでもよい。また，栄養素の例としては，ビタ

ミン C, 鉄分, 炭水化物などが挙げられる.

　ここでは, 食品の味は考える必要はなく, また, 同じ食品を食べ続けても問題ないという仮定を置いている.

　この問題は, 線形最適化問題として定式化することができる. 線形最適化問題として表現するために, いくつかの記法を導入する. まず, 食品は $1, 2, \cdots, n$ の n 種類あるとし, 食品 j の単位量あたりの費用は p_j とする. また, 栄養素は m 種類あるとし, 栄養素 i の必要摂取量は c_i とする. 単位量あたりの食品 j に含まれる栄養素 i の量を a_{ij} とする.

　求めたいのは, 用意する各食品の量であるので, これらを決定変数 x_j $(j = 1, 2, \ldots, n)$ とする. 食品 j の単位量あたりの費用は p_j であったので, かかる総費用は次の式で表される.

$$p_1 x_1 + p_2 x_2 + \cdots + p_n x_n = \sum_{j=1}^{n} p_j x_j = \boldsymbol{p} \cdot \boldsymbol{x}. \tag{4.1}$$

次に, 栄養素に関する制約を定める. 食品 j を x_j 単位摂ることで摂取される栄養素 i の量は, $a_{ij} x_j$ である. したがって, n 種類の食品から摂取される栄養素 i の総量は

$$a_{i1} x_1 + a_{i2} x_2 + \cdots + a_{in} x_n = \sum_{j=1}^{n} a_{ij} x_j$$

である. 栄養素 i の摂取量は c_i 以上でなければならないので, 次の不等式が制約式として必要である.

$$\sum_{j=1}^{n} a_{ij} x_j \geq c_i \quad (i = 1, 2, \ldots, m).$$

栄養素の摂取量に下限ではなく上限を設ける必要がある場合は, 不等式の向きを逆にすればよい. これらをまとめると, 最も費用の安くなる食品の量は, 次の線形最適化問題を解くことで得られる.

$$
\left|
\begin{array}{ll}
\text{最小化} & \displaystyle\sum_{j=1}^{n} p_j x_j \\
\text{制約} & \displaystyle\sum_{j=1}^{n} a_{ij} x_j \geq c_i \quad (i = 1, 2, \ldots, m), \\
& x_j \geq 0 \quad\quad\quad (j = 1, 2, \ldots, n).
\end{array}
\right.
$$

数式としてはこれでよいが, プログラムとしては, 人間にとってより読みや

表 **4.1**　食材に含まれる栄養素の量

	タンパク質	脂質	繊維	塩分
鶏肉	0.100	0.080	0.001	0.002
牛肉	0.200	0.100	0.005	0.005
羊肉	0.150	0.110	0.003	0.007
米	0.000	0.010	0.100	0.002
小麦	0.040	0.010	0.150	0.008
ゲル	0.000	0.000	0.000	0.000

表 **4.2**　食材の単位量あたりのコスト

鶏肉	牛肉	羊肉	米	小麦	ゲル
0.013	0.008	0.010	0.002	0.005	0.001

すいように書くことが望ましい．具体的には，例えば，栄養素は番号ではなくその名前自体で表されているほうが読みやすいだろう．そこで，Python の機能を用いて人間の読みやすいようにモデルを記述する方法を述べる．

　具体的な問題例として，PuLP の Web ページで述べられているものを用いる [1]．食品は，鶏肉 (CHICKEN)，牛肉 (BEEF)，羊肉 (MUTTON)，米 (RICE)，小麦 (WHEAT)，ゲル (GEL) の 6 種類とする．また，栄養素は，タンパク質 (protein)，脂質 (fat)，繊維 (fibre)，塩分 (salt) の 4 種類とする．それぞれの食品 1 グラムに含まれる各栄養素の量（グラム）は，表 4.1 に示したとおりとする．また，各食品の単位量あたりのコストは表 4.2 に示したとおりとする．まず，食品を表す集合 Foods を用意する．さらに，Foods の要素をキーとする辞書 protein, fat, fibre, salt として，食品に含まれる栄養素の量を表す．また，食品の単位量あたりの費用も Foods の要素をキーとする辞書 costs として表す．

```
Foods={'CHICKEN','BEEF','MUTTON','RICE','WHEAT','GEL'}
costs={'CHICKEN':0.013,'BEEF':0.008,'MUTTON':0.010,'RICE
    ':0.002,'WHEAT':0.005,'GEL':0.001}
protein={'CHICKEN':0.100,'BEEF':0.200,'MUTTON':0.150,'
    RICE':0.000,'WHEAT':0.040,'GEL':0.000}
fat={'CHICKEN':0.080,'BEEF':0.100,'MUTTON':0.110,'RICE
    ':0.010,'WHEAT':0.010,'GEL':0.000}
fibre={'CHICKEN':0.001,'BEEF':0.005,'MUTTON':0.003,'RICE
    ':0.100,'WHEAT':0.150,'GEL':0.000}
salt={'CHICKEN':0.002,'BEEF':0.005,'MUTTON':0.007,'RICE
    ':0.002,'WHEAT':0.008,'GEL':0.000}
```

---

[1] https://coin-or.github.io/pulp/CaseStudies/a_blending_problem.html

4つの栄養素については，タンパク質には下限8グラム，脂質には下限6グラム，繊維には上限2グラム，塩分には上限0.4グラムが課せられている．この問題ではさらに，食品の総量を100グラムにする制約も課せられているとする．

この問題を，PuLPを用いて線形最適化問題として表すには，次のようにする．

```python
from pulp import *
prob = LpProblem("Diet_Problem",LpMinimize)
foods_vars = LpVariable.dicts("Food",Foods,0)
prob += lpSum([costs[i]*foods_vars[i] for i in Foods]),"
    Total Cost"
prob += lpSum([foods_vars[i] for i in Foods]) == 100,"
    FoodsSum"
prob += lpSum([protein[i]*foods_vars[i] for i in Foods])
    >= 8.0,"ProteinRequirement"
prob += lpSum([fat[i]*foods_vars[i] for i in Foods]) >=
    6.0,"FatRequirement"
prob += lpSum([fibre[i]*foods_vars[i] for i in Foods]) <=
    2.0,"FibreRequirement"
prob += lpSum([salt[i]*foods_vars[i] for i in Foods]) <=
    0.4,"SaltRequirement"
```

4行目のlpSum()は，引数として与えたリストの各要素の和を求める命令である．目的関数を設定するのにlpSum()の引数として，リスト

```python
[costs[i]*foods_vars[i] for i in Foods]
```

を与えている．このリストの各要素は，目的関数 (4.1) の各項 $p_i x_i$ に対応している．したがって，lpSum()でこのリストの要素の和をとることで目的関数 $p \cdot x$ が表される．これで，この栄養問題を解くための線形最適化問題が定められた．この問題を解いてその結果を表示するプログラムは，次のとおりである．

```python
status = prob.solve()
print("status:",LpStatus[status])
print("optimal value:",value(prob.objective))
for i in Foods:
    if foods_vars[i].value()>1e-3:
        print(i,":",foods_vars[i].value())
```

```
status: Optimal
optimal value:0.52
GEL:40.0
BEEF:60.0
```

ここでは，prob.solve() の結果を status に記録している．この値は $0, 1, -1, -2, -3$ のいずれかであり，線形最適化問題を解いた結果として得られた状態を表している．この問題例を解くと，status として 1 が得られる．この 1 は，最適解が得られた状態を表している．PuLP には LpStatus という辞書が用意されている．この辞書のキーとして status を渡すと，状態がわかりやすく表示される．上のプログラムで LpStatus[status] を実行すると，Optimal と表示される．さて，出力結果から，この問題の最適解は，ゲルを 40 グラム，牛肉を 60 グラム摂取するのが最適であり，そのときのコスト（目的関数値）は 0.52 であることがわかる．

4.1.2　列生成および切除平面

線形最適化問題

$$
\begin{array}{ll}
\text{最小化} & \boldsymbol{c} \cdot \boldsymbol{x} \\
\text{制約} & A\boldsymbol{x} \geq \boldsymbol{b}, \\
& \boldsymbol{x} \geq \boldsymbol{0},
\end{array}
\tag{4.2}
$$

において，行列 $A \in \mathbb{R}^{m \times n}$ の列の数 n が，行の数 m よりもずっと大きい場合 $(m \ll n)$ を扱う．例えば，$m = 100, n = 1\,000\,000$ のように，A はものすごく横長の行列となる場合である．行列の列の数は，変数 $\boldsymbol{x}$ の次元 n と同じであることに注意する．また，行列 A の第 j 列は，変数 $\boldsymbol{x}$ の第 j 成分 x_j に対応していることにも注意する．このように列の数 n が特別に大きい場合は，すべての列のデータをあらかじめ与えることは難しく，あるいはできたとしても計算の効率が悪い．そもそも，計算機の中にすべての列のデータをもつことが不可能な場合もある．このような場合に，一部の列のみを用いてまず問題を定義して，その後，段階的に必要な列を加えていく方法がある．これを，列生成とよぶ．

　列生成は，双対問題とあわせて考えるとわかりやすい．まず，線形最適化問題 (4.2) の双対問題は，次の線形最適化問題である．

$$
\begin{array}{ll}
\text{最大化} & \boldsymbol{b}^\top \boldsymbol{y} \\
\text{制約} & \boldsymbol{s} = \boldsymbol{c} - A^\top \boldsymbol{y}, \\
& \boldsymbol{y} \geq \boldsymbol{0}, \\
& \boldsymbol{s} \geq \boldsymbol{0}.
\end{array}
$$

ここで，(4.2) の制約式を，行ごとに次のように書くことにする．

$$
\begin{array}{ll}
\text{最小化} & \boldsymbol{c} \cdot \boldsymbol{x} \\
\text{制約} & \boldsymbol{a}_i \cdot \boldsymbol{x} \geq b_i \quad (i = 1, 2, \ldots, m), \\
& \boldsymbol{x} \geq \boldsymbol{0}.
\end{array} \tag{4.3}
$$

ここで，ベクトル $\boldsymbol{a}_i \in \mathbb{R}^n$ は行列 A の第 i 行を表す．これに対応する双対問題は，次のように表される．

$$
\begin{array}{ll}
\text{最大化} & \boldsymbol{b}^\top \boldsymbol{y} \\
\text{制約} & \boldsymbol{s} = \boldsymbol{c} - \displaystyle\sum_{i=1}^{m} y_i \boldsymbol{a}_i^\top, \\
& \boldsymbol{y} \geq \boldsymbol{0}, \\
& \boldsymbol{s} \geq \boldsymbol{0}.
\end{array} \tag{4.4}
$$

さて，いま，主問題 (4.3) の変数 $\boldsymbol{x}$ のうち，一部の要素のみを用いて問題を定めるとする．具体的には，変数 $\boldsymbol{x}$ の要素の添字の集合を，使用する変数の添字の集合 U と，使用しない添字の集合 R に分割する．そして，ベクトル $\boldsymbol{c}, \boldsymbol{x}, \boldsymbol{a}_i$ の要素も，対応する添字集合ごとに並べ替え・分割して，

$$
\boldsymbol{c} = \begin{bmatrix} \boldsymbol{c}_U \\ \boldsymbol{c}_R \end{bmatrix}, \boldsymbol{x} = \begin{bmatrix} \boldsymbol{x}_U \\ \boldsymbol{x}_R \end{bmatrix}, \boldsymbol{a}_i = \begin{bmatrix} \boldsymbol{a}_{U,i} \\ \boldsymbol{a}_{R,i} \end{bmatrix}
$$

と表す．ここで，$U \subseteq \{1, 2, \ldots, n\}, R = \{1, 2, \ldots, n\} \setminus U$ である．例えば，$m = 4$ として x_1, x_4 を使用するとしたら，

$$
\boldsymbol{c} = \begin{bmatrix} c_1 \\ c_4 \\ c_2 \\ c_3 \end{bmatrix}
$$

などとする．このとき，

$$
\boldsymbol{c}_U = \begin{bmatrix} c_1 \\ c_4 \end{bmatrix}, \boldsymbol{c}_R = \begin{bmatrix} c_2 \\ c_3 \end{bmatrix}, U = \{1, 4\}, R = \{2, 3\}
$$

である．こうして，次の線形最適化問題を定める．

$$
\begin{array}{ll}
\text{最小化} & \boldsymbol{c}_U \cdot \boldsymbol{x}_U \\
\text{制約} & \boldsymbol{a}_{U,i} \cdot \boldsymbol{x}_U \geq b_i \quad (i = 1, 2, \ldots, m), \\
& \boldsymbol{x}_U \geq \boldsymbol{0}.
\end{array}
\tag{4.5}
$$

この線形最適化問題に対する双対問題は，次のように表される．

$$
\begin{array}{ll}
\text{最大化} & \boldsymbol{b}^{\top} \boldsymbol{y} \\
\text{制約} & \boldsymbol{s}_U = \boldsymbol{c}_U - \displaystyle\sum_{i=1}^{m} y_i \boldsymbol{a}_{U,i}^{\top}, \\
& \boldsymbol{y} \geq \boldsymbol{0}, \\
& \boldsymbol{s}_U \geq \boldsymbol{0}.
\end{array}
\tag{4.6}
$$

ここで，(4.6) の最初の制約式を，成分ごとの $|U|$ 本の制約式とみる．すなわち，ベクトル $\boldsymbol{s}_U$ の第 j 成分を $\boldsymbol{s}_U(j)$ などと書き，

$$
\boldsymbol{s}_U(j) = \boldsymbol{c}_U(j) - \sum_{i=1}^{m} y_i \boldsymbol{a}_{U,i}^{\top}(j) \quad (j \in U \subseteq \{1, 2, \ldots, n\})
$$

という $|U|$ 本の制約式だとみなす．これらの制約式を問題 (4.4) の制約式と比較する．(4.4) の制約式は，同様の書き方をすると，

$$
\boldsymbol{s}(j) = \boldsymbol{c}(j) - \sum_{i=1}^{m} y_i \boldsymbol{a}_i^{\top}(j) \quad (j \in \{1, 2, \ldots, n\})
$$

となる．これは，$j \in \{1, 2, \ldots, n\} = U \cup R$ に対して定義された n 本の制約式である．つまり，線形最適化問題 (4.6) は，問題 (4.4) と同じ目的関数を持ち，制約式はより少ない線形最適化問題である．言い換えると，問題 (4.6) は問題 (4.4) の緩和問題になっている[*2]．このように，主問題 (4.3) の世界において，変数 $\boldsymbol{x}$ を $\boldsymbol{x}_U$ に制限したことが，双対問題 (4.4) の世界だと，n 本の制約式を $|U|$ 本に減らしたことに対応する．

　さて，もともとの目的は，$m \ll n$ となっている線形最適化問題 (4.3) の最適解を求めることである．そのために，$|U|$ 個の要素 $\boldsymbol{x}_U$ からなる問題 (4.5) から始めて，必要な変数 x_j $(j \in R = \{1, 2, \ldots, n\} \setminus U)$ を反復的に追加する．そして，(4.3) の最適解を得るのに必要なすべての変数を追加したことが確認できたら，変数の追加を終える．そのための仕組みを，例題を用いて述べる．

　例題として，次のものを挙げる．

[*2] 制約式の数が少ないので，変数に課される制約が緩くなっている．

$$
\begin{array}{|lrrrrr}
最小化 & -2x_1 & - & 3x_2 & - & x_3 & + & 3x_4 \\
制約 & -2x_1 & - & 2x_2 & + & x_3 & - & 4x_4 & \geq & -2, \\
& -3x_1 & + & 2x_2 & - & 2x_3 & - & 3x_4 & \geq & -8, \\
& -0.1x_1 & - & 2x_2 & + & x_3 & - & 5x_4 & \geq & -6, \\
& x_1, x_2, x_3, x_4 \geq 0.
\end{array} \tag{4.7}
$$

これは，制約式の数 m が 3，変数の次元 n が 4 の問題 (4.2) の例である．問題を定めるデータは，

$$
\begin{aligned}
\boldsymbol{c} &= \begin{bmatrix} -2 & -3 & -1 & 3 \end{bmatrix}^\top, \quad \boldsymbol{b} = \begin{bmatrix} -2 & -8 & -6 \end{bmatrix}^\top, \\
\boldsymbol{a}_1 &= \begin{bmatrix} -2 & -2 & 1 & -4 \end{bmatrix}, \quad \boldsymbol{a}_2 = \begin{bmatrix} -3 & 2 & -2 & -3 \end{bmatrix}, \\
\boldsymbol{a}_3 &= \begin{bmatrix} -0.1 & -2 & 1 & -5 \end{bmatrix}
\end{aligned}
$$

である．この双対問題は，次のとおりである．

$$
\begin{array}{|ll}
最大化 & -2y_1 - 8y_2 - 6y_3 \\
制約 & \boldsymbol{s} = \begin{bmatrix} -2 \\ -3 \\ -1 \\ 3 \end{bmatrix} - y_1 \begin{bmatrix} -2 \\ -2 \\ 1 \\ -4 \end{bmatrix} - y_2 \begin{bmatrix} -3 \\ 2 \\ -2 \\ -3 \end{bmatrix} - y_3 \begin{bmatrix} -0.1 \\ -2 \\ 1 \\ -5 \end{bmatrix}, \\
& \boldsymbol{s} \geq \boldsymbol{0}.
\end{array} \tag{4.8}
$$

さて，この問題例の変数の添字の集合 $\{1, 2, 3, 4\}$ を，$U = \{1\}$ と $R = \{2, 3, 4\}$ に分ける．そして，$x_j \ (j \in U)$ の要素のみからなる変数 $\boldsymbol{x}_U$ を用いて線形最適化問題を定義する．

$$
\begin{array}{|lrcl}
最小化 & -2x_1 \\
制約 & -2x_1 & \geq & -2 \\
& -3x_1 & \geq & -8, \\
& -0.1x_1 & \geq & -6, \\
& x_1 \geq 0.
\end{array}
$$

前の記法を用いると，

$$
\boldsymbol{c}_U = \begin{bmatrix} -2 \end{bmatrix}^\top, \boldsymbol{a}_{U,1} = \begin{bmatrix} -2 \end{bmatrix}, \boldsymbol{a}_{U,2} = \begin{bmatrix} -3 \end{bmatrix}, \boldsymbol{a}_{U,3} = \begin{bmatrix} -0.1 \end{bmatrix}
$$

である．この主問題に対する双対問題は，次の線形最適化問題である．

$$
\begin{aligned}
\text{最大化} \quad & -2y_1 - 8y_2 - 6y_3 \\
\text{制約} \quad & s_U = \begin{bmatrix} -2 \end{bmatrix} - y_1 \begin{bmatrix} -2 \end{bmatrix}^{\top} - y_2 \begin{bmatrix} -3 \end{bmatrix}^{\top} - y_3 \begin{bmatrix} -0.1 \end{bmatrix}^{\top}, \qquad (4.9) \\
& s_U \geq \boldsymbol{0}.
\end{aligned}
$$

この線形最適化問題 (4.9) を解くための PuLP プログラムは，次のとおりである．

```
dual = LpProblem("d",LpMaximize)
y1 = LpVariable("y1",lowBound=0,cat=LpContinuous)
y2 = LpVariable("y2",lowBound=0,cat=LpContinuous)
y3 = LpVariable("y3",lowBound=0,cat=LpContinuous)
dual += -2*y1 - 8*y2 - 6*y3
dual += -2 - (-2)*y1 - (-3)*y2 - (-0.1)*y3 >= 0
status = dual.solve()
print("status:",LpStatus[status])
print("optimal value:",value(dual.objective))
print("optimal solution:")
for v in dual.variables():
    print(v.name,v.varValue)
```

```
status: Optimal
optimal value: -2.0
optimal solution:
y1 1.0
y2 0.0
y3 0.0
```

これより線形最適化問題 (4.9) の最適解 $\boldsymbol{y}^*$ として

$$
\boldsymbol{y}^* = \begin{bmatrix} 1 & 0 & 0 \end{bmatrix}^{\top}
$$

を得る．次に，この最適解 $\boldsymbol{y}^*$ がもとの問題 (4.8) の 4 つの制約式をすべて満たすか否かをチェックする．もしこれらをすべて満たしていれば，この $\boldsymbol{y}^*$ はもとの問題 (4.8) の最適解である[*3]．チェックするべき制約式は，次の 3 つである．

$$
\begin{aligned}
-3 - (-2)y_1 - (2)y_2 - (-2)y_3 &\geq 0, \\
-1 - (1)y_1 - (-2)y_2 - (1)y_3 &\geq 0, \\
3 - (-4)y_1 - (-3)y_2 - (-5)y_3 &\geq 0.
\end{aligned}
$$

これらの不等式の左辺を求めるには，次のプログラムを実行する．

[*3] 緩和問題の最適解がたまたまもとの問題の実行可能解であれば，それはもとの問題の最適解である．

```
print(-3-(-2)*value(y1)-(2)*value(y2)-(-2)*value(y3))
print(-1-(1)*value(y1)-(-2)*value(y2)-(1)*value(y3))
print(3-(-4)*value(y1)-(-3)*value(y2)-(-5)*value(y3))
```

その結果は,

```
-1.0
-2.0
7.0
```

となり, 1 番目と 2 番目の制約式が満たされていないことがわかる. そこで, これら 2 つの不等式を (4.9) に加える. そうして得られるのが次の線形最適化問題である. この時点で, $U = \{1\}$ は $U = \{1, 2, 3\}$ と更新される.

$$\begin{vmatrix} \text{最大化} & -2y_1 - 8y_2 - 6y_3 \\ \text{制約} & \boldsymbol{s}_U = \begin{bmatrix} -2 \\ -3 \\ -1 \end{bmatrix} - y_1 \begin{bmatrix} -2 \\ -2 \\ 1 \end{bmatrix} - y_2 \begin{bmatrix} -3 \\ 2 \\ -2 \end{bmatrix} - y_3 \begin{bmatrix} -0.1 \\ -2 \\ 1 \end{bmatrix}, \\ & \boldsymbol{s}_U \geq \boldsymbol{0}. \end{vmatrix}$$

この問題を解き, もとの問題の制約式が満たされているかを確認するための PuLP プログラムは, 下記のとおりである.

```
dual = LpProblem("prob1",LpMaximize)
y1 = LpVariable("y1",lowBound=0,cat=LpContinuous)
y2 = LpVariable("y2",lowBound=0,cat=LpContinuous)
y3 = LpVariable("y3",lowBound=0,cat=LpContinuous)

dual += -2*y1 - 8*y2 - 6*y3
dual += -2 - (-2)*y1 - (-3)*y2 - (-0.1)*y3 >= 0
dual += -3 - (-2)*y1 - (2)*y2 - (-2)*y3 >= 0
dual += -1 - (1)*y1 - (-2)*y2 - (1)*y3 >= 0

status=dual.solve()
print("status:",LpStatus[status])
print("optimal value:",value(dual.objective))
print("optimal solution:")
for v in dual.variables():
        print(v.name,v.varValue)

print("values of s:")
```

```
print(-2-(-2)*value(y1)-(-3)*value(y2)-(-0.1)*value(y3))
print(-3-(-2)*value(y1)-(2)*value(y2)-(-2)*value(y3))
print(-1-(1)*value(y1)-(-2)*value(y2)-(1)*value(y3))
print(3-(-4)*value(y1)-(-3)*value(y2)-(-5)*value(y3))
```

これを実行すると，次の結果を得る．

```
status: Optimal
optimal value: -28.0
optimal solution:
y1 4.0
y2 2.5
y3 0.0
values of s:
13.5
0.0
0.0
26.5
```

これより，今度は最適解 $\boldsymbol{y}^*$ と最適値として，それぞれ

$$\boldsymbol{y}^* = \begin{bmatrix} 4.0 & 2.5 & 0 \end{bmatrix}^\top$$

と -28 が得られたことがわかる．また，問題 (4.8) の制約式の右辺の値は，それぞれ $13.5, 0, 0, 26.5$ となっており，すべての制約式が満たされていることがわかる．したがって，この $\boldsymbol{y}^*$ はもとの問題 (4.8) の最適解になっている．

こうして，$U = \{1, 2, 3\}$ とした問題を解くことで，問題 (4.8) の最適値が得られた．これは，問題 (4.7) でいうと，$U = \{1, 2, 3\}$ に対する変数 $\boldsymbol{x}_U$ のみを用いて最適値が得られたことに対応している．つまり，最初から $\boldsymbol{x}$ のすべての要素を用いなくても，反復的に必要な要素のみを追加することで最適値が得られることを示している．

　ここまでに述べた PuLP のプログラムでは，1 つの制約式を課して解く問題 (4.9) と，3 つの制約式を課して解く問題とで別々の問題オブジェクトを生成していた．しかし，問題オブジェクトの生成はコストが大きいので，1 つの問題オブジェクトを使い回すほうがよい．そこで，Pyomo を用いて問題オブジェクトを使い回す方法を述べる．

　Pyomo には，制約式をあらかじめ定義しておき，それらの一部を有効化および無効化して問題を解く機能がある．今回は，具象モデルを用いて，その使い方を述べる．変数ではなく，制約式を反復的に追加する操作を実現した

いので，双対問題 (4.8) を実装する．

まず，次のコマンドで具象モデルを生成する．

```
from pyomo.environ import *
model = ConcreteModel()
```

次に，制約式の添字集合と変数の添字集合を表す model.N と model.M を，Set() により生成する．

```
model.N = Set(initialize = [1,2,3,4])
model.M = Set(initialize = [1,2,3])
```

ここで，Set() の引数として集合の要素を与える．これには，initialize = を用いる．変数は，model.M の各要素に対して定義される非負の実数なので，次の命令で生成する．

```
model.y = Var(model.M,bounds = (0,100000))
```

ここで，bounds=(lb,ub) は，変数の下限を lb，上限を ub に設定する引数である．上限には十分大きな値を指定した．

問題例を定めるデータは，行列 A の転置行列 $A^\top$ を表すデータ aT として設定し，ベクトル b と c はタプルとして定める．

```
aT = {(1,1):-2,(1,2):-3,(1,3):-0.1,\
      (2,1):-2,(2,2):2,(2,3):-2, \
      (3,1):1,(3,2):-2,(3,3):1, \
      (4,1):-4,(4,2):-3,(4,3):-5}
c=(0,-2,-3,-1,3) #c[0]は使わない．添字を 1 から開始するた
     め.
b=(0,-2,-8,-6) #b[0]は使わない．添字を1から開始するため．
```

ここで，c と b の最初の成分 c[0], b[0] に 0 を設定しているが，これは，添字を 1 から始めるためのものであり，b[0], c[0] の値自体は用いない．次に，目的関数を定義する．目的関数は $\boldsymbol{b}^\top \boldsymbol{y}$ であるが，これは summation() を用いて次のように表される．

```
model.obj = Objective(expr = summation(b,model.y),sense =
    maximize)
```

ここでは，目的関数を生成する Objective() の引数として，expr = summation(b,model.y) と sense = maximize を与えている．expr =では目的関数を定義する．ここでは，係数 b と変数 model.y の対応する成分の積

の和として目的関数を設定している．`sense = maximize` では目的関数の方向を指定する．ここでは最大化を目的とするので，`maximize` を指定している．

次に，制約式を定義する関数`_con(model,j)`を定義する．これは，モデル`model`内に定められたデータを用いてj番目の制約式を定義するものなので，引数として`model`と`j`の2つを与えている．ここで表したいのは，

$$s_j = c_j - \sum_{i=1}^{m} y_i \boldsymbol{a}_i^\top(j) \geq 0$$

であるので[*4]，次のように定義する．

*4 $\boldsymbol{a}_i^\top(j)$ は，ベクトル $\boldsymbol{a}_i^\top$ の第 j 成分を表す．

```
def _con(model,j):
    return c[j] - sum(aT[j,i]*model.y[i] for i in model.M
        ) >= 0
```

こうして定義した関数`_con(model,j)`を用いて，制約式を定義する．そのためには，`Constraint()`の引数に，集合`model.N`と制約式を定める ルールを表す関数として`_con`を与えればよい．これにより，`model.N`の各要素`j`に対してルール`_con`によって制約式が定義される．

```
model.con = Constraint(model.N,rule=_con)
```

これで，4つの制約をもつ線形最適化問題 (4.8) を定義することができた．まず，このうちの最初の1つの制約式のみをもつ線形最適化問題 (4.9) を解きたい．このためには，`con[1]` を `activate()` で有効化し，`con[2]`,`con[3]`,`con[4]` を `deactivate()` で無効化すればよい．

```
for i in [1]:
    model.con[i].activate()
for i in [2,3,4]:
    model.con[i].deactivate()
```

これで準備ができたので，解く．

```
solver=SolverFactory("cbc")
result=solver.solve(model)
print(result["Solver"])
print("optimal value:",value(model.obj))
print("optimal solution:")
for i in model.y:
    print(model.y[i],model.y[i]())
```

これを実行すると，次の結果を得る．

```
- Status: ok
User time: -1.0
System time: 0.0
Wallclock time: 0.06
Termination condition: optimal
Termination message: Model was solved to optimality (
    subject to tolerances), and an optimal solution is
    available.
Statistics:
  Branch and bound:
    Number of bounded subproblems: None
    Number of created subproblems: None
  Black box:
    Number of iterations: 1
Error rc: 0
Time: 0.2200000286102295

optimal value: -2.0
optimal solution
y[1] 1.0
y[2] 0.0
y[3] 0.0
```

これにより，最適値が -2 であることがわかる．また，最適解が $\boldsymbol{y}^* = [1,0,0]^\top$ であることもわかる．

　最適解は $\boldsymbol{y}^* = [1,0,0]^\top$ であるが，これは 2 番目と 3 番目の不等式を満たしていない．そこで，これらの不等式 model.con[2],model.con[3] を activate() により有効化し，再度問題を解く．

```
for i in [2,3]:
    model.con[i].activate()
result = solver.solve(model)
print(result['Solver'])
print("optimal value:",value(model.obj))
print("optimal solution")
print("y:")
for i in model.y:
    print(model.y[i],model.y[i]())
```

これを実行すると次の結果が表示される．

```
- Status: ok
  User time: -1.0
  System time: 0.0
  Wallclock time: 0.0
  Termination condition: optimal
  Termination message: Model was solved to optimality (
     subject to tolerances), and an optimal solution is
     available.
  Statistics:
    Branch and bound:
      Number of bounded subproblems: None
      Number of created subproblems: None
    Black box:
      Number of iterations: 2
  Error rc: 0
  Time: 0.0255889892578125

optimal value: -28.0
optimal solution
y:
y[1]  4.0
y[2]  2.5
y[3]  0.0
```

これより，最適解として $y^* = \begin{bmatrix} 4.0 & 2.5 & 0 \end{bmatrix}^\top$ が得られたことがわかる．この最適解は，4つの不等式をすべて満たしているので，(4.8) の最適解である．

　ここでは，まず1つの制約式のみで定義した双対問題を解き，その結果を用いて残りの3つの制約式のうちの2つを追加した．そうして再度問題を解くことで，もとの問題の最適解が得られた．この過程を主問題の側から見ると，1つの変数のみで定義した主問題を解き，その結果を用いて，残りの3つの変数のうちの2つを追加することにあたる．この過程を，今度は PICOS を用いて実行してみる．

　PICOS を用いると，目的関数や制約式に反復的に変数を追加することができる．まずは，1つの変数のみをもった次の線形最適化問題

$$\begin{array}{llrcr} \text{最小化} & & -2x_1 & & \\ \text{制約} & & -2x_1 & \geq & -2, \\ & & -3x_1 & \geq & -8, \\ & & -0.1x_1 & \geq & -6, \\ & & x_1 \geq 0 & & \end{array} \qquad (4.10)$$

を定義する．まず，A, b, c として問題 (4.7) を定める行列とベクトルを定義する．

```
import picos as pic
A = pic.Constant("A",[[-2,-2,1,-4],[-3,2,-2,-3],
    [-0.1,-2,1,-5]])
c = pic.Constant("c",[-2,-3,-1,3])
b = pic.Constant("b",[-2,-8,-6])
```

これらのデータで定められる線形最適化問題を PICOS で解くには，次のプログラムを実行する．

```
prob = pic.Problem()
U,M = [0],[0,1,2]
x = {j:pic.RealVariable("x[{0}]".format(j),1,lower=0) for
    j in U}
obj = pic.sum([c[j]*x[j] for j in U])
lhs = {i:sum(A[i,j]*x[j] for j in U) for i in M}
prob.set_objective("min",obj)
cst={}
for i in M:
    cst[i] = prob.add_constraint(lhs[i] >= b[i])
prob.options.verbosity = 1
solution = prob.solve(solver="cvxopt")
print("status:",solution.claimedStatus)
print("optimal value:",prob.value)
```

最初に pic.Problem() で問題を生成したあと，変数の添字を表すリスト U と，制約式の添字を表すリスト M を定めている．Python のリストの添字は 0 から始まることにあわせて 0 からの整数を設定している．そして，辞書 x の要素として，U の各要素に対する非負変数を RealVariable() により生成している．さらに，目的関数を表す obj を，U の各要素 j に対する c[j]*x[j] の和として定義している．続いて，辞書 lhs に，リスト M の要素 i に対する制約式の左辺を設定する．具体的には，キー i に対する値を，sum(A[i,j]*x[j] for j in U)

とする．これは，不等式

$$a_i \cdot x \geq b_i$$

の左辺に対応する．目的関数は，

```
prob.set_objective("min",obj)
```

により設定している．引数として前に定義した obj を指定している．次に，各 i に対する制約式を add_constraint() を用いて設定している．設定する制約式は，lhs[i] >= b[i] である．これで変数 x_1 のみを用いた主問題が定義できた．これを solve() で解く．ソルバとして CVXOPT を用いるように，引数で solver="cvxopt" と指定している．解いた結果は solution に保存している．このプログラムを実行すると，次のような結果を得る．

```
===================================
             PICOS 2.0.8
===================================
Problem type: Linear Program.
Searching a solution strategy for CVXOPT.
Solution strategy:
  1. ExtraOptions
  2. CVXOPTSolver
Applying ExtraOptions.
Building a CVXOPT problem instance.
Starting solution search.
-----------------------------------
 Python Convex Optimization Solver
    via internal CONELP solver
-----------------------------------
     pcost       dcost       gap    pres   dres   k/t
 0: -4.0828e+00 -2.2367e+01  2e+01  6e-01  2e+00  1e+00
 1: -2.0525e+00 -4.0768e+00  2e+00  7e-02  3e-01  2e-01
 2: -1.9881e+00 -2.0308e+00  4e-02  2e-03  6e-03  7e-03
 3: -1.9999e+00 -2.0003e+00  4e-04  2e-05  6e-05  7e-05
 4: -2.0000e+00 -2.0000e+00  4e-06  2e-07  6e-07  7e-07
 5: -2.0000e+00 -2.0000e+00  4e-08  1e-09  6e-09  7e-09
 6: -2.0000e+00 -2.0000e+00  4e-10  8e-10  6e-11  7e-11
Optimal solution found.
------------[ CVXOPT ]-------------
Solver claims optimal solution for feasible problem.
Applying the solution.
```

```
Applied solution is primal feasible.
Search 3.0e-03s, solve 8.0e-03s, overhead 164%.
=============[ PICOS ]=============
status: optimal
optimal value: -1.9999999998814215
```

これより，内点法により最適値 -2 が得られたことがわかる．

　得られた結果 solution に対して print(solution.primals) を実行することで，最適解を表示することができる．

```
{<1x1 Real Variable: x[0]>: [0.9999999999407108]}
```

　これで，1 つの変数によって定義した線形最適化問題 (4.10) の最適解が得られた．我々が本来解きたいのは，4 つの変数をもつ問題 (4.7) である．そこで，次に，問題 (4.7) の最適解を求めるために追加するべき変数が x_1 のほかにあるかをチェックする．PICOS では，prob.get_constraint(i) によって i 番目の制約式の情報が取得できる．双対問題 (4.8) の各変数は，主問題 (4.7) の各制約式に対応することに注意する．問題 (4.10) の制約式に対応する双対変数の情報は，dual として記録されているので，それを取り出してリスト y の要素とする．

```
y = [prob.get_constraint(i).dual for i in range(3)]
```

これにより，制約式 i に対する双対変数の値を y[i] で得ることができる．

　さて，こうして取り出した双対変数の値 y を用いて，加えるべき変数を見つける．それには，双対問題 (4.8) において破られている制約式をみつければよい．このためには，ベクトル

$$s = c - \sum_{i=1}^{m} y_i a_i^\top$$

の正負を調べればよい．ただし，A の第 i 行が a_i とする．$s = c - \sum_{i=1}^{m} y_i a_i^\top$ は，行列とベクトルの積を用いると $s = c - A^\top y$ と表される．この計算のために，PICOS のアフィン表現を用いる．これを実現するためのプログラムは，次のとおりである．

```
y = pic.Constant("y",y)
s = c - A.T*y
neg_ind=[i for i in range(len(s)) if s[i].value < -1e-7]
print(neg_ind)
```

リスト y は，Constant() を用いて新たに PICOS の定数 y として定義しなおし，A や c と演算可能な型にしておく．その上で，正負をチェックしたい不等式の左辺 c - A.T*y を，式として s に割り当てておく．A にも y にもすでに値が入っているので，s にも計算された値が入っている[*5]．そして，s の要素 s[i] のうち，その値が負になるものの添字 i だけを内包表記を用いて取り出して，リスト neg_ind の要素としている．この結果，neg_ind の要素として 1, 2 が得られる．

*5 PICOS では，値を設定する前のパラメータの状態でアフィン表現を保持することができる．

```
[1, 2]
```

これは 2 番目の変数 x[1] と 3 番目の変数 x[2] を追加する必要があることを示している．

　そこで，neg_ind の要素に対応する変数 x[1] と x[2] を追加する．これにより，次の 3 変数の線形最適化問題を得る．

$$
\begin{array}{lrrrrrrl}
\text{最小化} & -2x_1 & - & 3x_2 & - & x_3 & & \\
\text{制約} & -2x_1 & - & 2x_2 & + & x_3 & \geq & -2, \\
& -3x_1 & + & 2x_2 & - & 2x_3 & \geq & -8, \\
& -0.1x_1 & - & 2x_2 & + & x_3 & \geq & -6, \\
& x_1, x_2, x_3 \geq 0. & & & & & &
\end{array}
$$

前に定義した 1 変数の PICOS モデルに，2 つの変数を追加するプログラムは，次のとおりである．

```
x.update({j:pic.RealVariable("x[{0}]".format(j),1,lower
    =0) for j in neg_ind})
obj += pic.sum([c[j]*x[j] for j in neg_ind])
for i in M:
    prob.remove_constraint(cst[i])
    lhs[i] += sum([A[i,j]*x[j] for j in neg_ind])
    cst[i] = prob.add_constraint(lhs[i] >= b[i])
```

1 行目は，変数を表す辞書 x に update() を用いて x[1] と x[2] を追加するものである．neg_ind の要素 j をキー，それに対して新たに生成した変数を値とする要素を追加する．また，新しく生成した変数を含む項を，3 行目で目的関数に，6 行目で制約式の左辺に追加している．こうして再度

```
prob.options.verbosity = 1
solution = prob.solve()
print("status:",solution.claimedStatus)
```

```
print("optimal value:",prob.value)
print("optimal solution")
print("x:")
for i in x:
    print(x[i].name,x[i].value)
```

を実行すると，次の結果が得られる．

```
========================================
            PICOS 2.0.8
========================================
Problem type: Linear Program.
Reusing strategy:
  1. ExtraOptions
  2. CVXOPTSolver
Skipping ExtraOptions.
Updating the CVXOPT problem instance.
Update failed: Not supported with CVXOPT.
Rebuilding the CVXOPT problem instance.
Starting solution search.
------------------------------------
 Python Convex Optimization Solver
    via internal CONELP solver
------------------------------------
     pcost       dcost       gap    pres   dres   k/t
 0: -8.4466e+00 -4.9406e+01  7e+01  8e-01  3e+00  1e+00
 1: -3.8645e+01 -5.3428e+01  5e+01  3e-01  1e+00  2e+00
 2: -3.0011e+01 -3.3973e+01  2e+01  1e-01  4e-01  2e+00
 3: -2.8013e+01 -2.8061e+01  3e-01  2e-03  8e-03  6e-02
 4: -2.8000e+01 -2.8001e+01  3e-03  2e-05  8e-05  6e-04
 5: -2.8000e+01 -2.8000e+01  3e-05  2e-07  8e-07  6e-06
 6: -2.8000e+01 -2.8000e+01  3e-07  2e-09  8e-09  6e-08
Optimal solution found.
------------[ CVXOPT ]-------------
Solver claims optimal solution for feasible problem.
Applying the solution.
Applied solution is primal feasible.
Search 1.1e-03s, solve 3.7e-03s, overhead 247%.
=============[ PICOS ]=============
status: optimal
optimal value: -28.00000001302943
optimal solution
```

```
x:
x[0]  -4.267726997880571e-09
x[1]  6.000000005977859
x[2]  10.00000000363131
```

ここでは，CVXOPTからの出力として，10-11行目に

```
Update failed: Not supported with CVXOPT.
Rebuilding the CVXOPT problem instance.
```

とあることに注意する．PICOS自体は変数の追加に対応しているが，ここで用いたソルバCVXOPTは，いったん作成した問題への変数の事後的な追加には対応していない．したがって，変数が3つの問題を改めて作り直している．特別に大きな問題を解く際には，問題を改めて生成する処理時間は大きなものになる場合がある．そのような場合は，変数の追加に対応したソルバであるMOSEK, CPLEX, Gurobiなどを用いる必要がある．

　さて，この結果から，最適値は -28，最適解 $\boldsymbol{x}^*$ は $\begin{bmatrix} 0 & 6 & 10 \end{bmatrix}^\top$ となることがわかる．また，

```
y=[prob.get_constraint(i).dual for i in range(3)]
print(y)
```

により双対変数の値を表示すると，

```
[4.000000005086501, 2.500000003572601, 3.771613367685534e
    -09]
```

となり，確かに制約式を追加した場合と同じ最適解 $\boldsymbol{y}^* = \begin{bmatrix} 4 & 2.5 & 0 \end{bmatrix}^\top$ が得られていることがわかる．

4.2　二次錐最適化問題の解き方

　二次錐最適化問題には，線形最適化問題では不可能な様々な問題をモデル化する能力がある．二次錐最適化問題は，二次錐制約と線形制約のもとで線形の目的関数を最小化するもので，次のかたちで表されるのであった．

$$\begin{array}{ll} \text{最小化} & \boldsymbol{c} \cdot \boldsymbol{x} \\ \text{制約} & A\boldsymbol{x} = \boldsymbol{b}, \\ & \boldsymbol{x} \succeq_{\mathbb{S}} \boldsymbol{0}. \end{array}$$

$\boldsymbol{x} = \begin{bmatrix} x_1 & x_2 & \dots & x_n \end{bmatrix}^{\top}$ とすると，二次錐最適化問題は次のように書くことができる．

$$
\begin{array}{ll}
\text{最小化} & \boldsymbol{c} \cdot \boldsymbol{x} \\
\text{制約} & A\boldsymbol{x} = \boldsymbol{b}, \\
& x_1 \geq \left(\displaystyle\sum_{i=2}^{n} x_i^2 \right)^{1/2}.
\end{array}
$$

制約行列 A の第 i 行を $\boldsymbol{a}_i$ と表すことにすると，この問題は次のようにも書ける．

$$
\begin{array}{ll}
\text{最小化} & \boldsymbol{c} \cdot \boldsymbol{x} \\
\text{制約} & \boldsymbol{a}_i \cdot \boldsymbol{x} = b_i \qquad (i = 1, 2, \dots, m), \\
& x_1 \geq \left(\displaystyle\sum_{i=2}^{n} x_i^2 \right)^{1/2}.
\end{array}
$$

また，この双対問題は，次のように書ける．

$$
\begin{array}{ll}
\text{最大化} & \boldsymbol{b}^{\top} \boldsymbol{y} \\
\text{制約} & \boldsymbol{z} = \boldsymbol{c} - \displaystyle\sum_{i=1}^{m} \boldsymbol{a}_i^{\top} y_i, \\
& \boldsymbol{z} \succeq_{\mathbb{S}} \boldsymbol{0}.
\end{array} \qquad (4.11)
$$

4.2.1　回転つき二次錐制約

　二次錐制約で表されるもののうち，よく用いられるのが，**回転つき二次錐制約 (rotated second-order cone constraints)** である．回転つき二次錐制約は，次の 3 つの不等式のことをいう．

$$
\sum_{i=1}^{n} x_i^2 \leq yz, \quad y \geq 0, \quad z \geq 0. \qquad (4.12)
$$

この最初の不等式は，次の二次錐制約として表すことができる．

$$
\begin{bmatrix} y+z & y-z & 2x_1 & 2x_2 & \cdots & 2x_n \end{bmatrix}^{\top} \succeq_{\mathbb{S}} \boldsymbol{0}.
$$

　回転つき二次錐制約を用いた定式化の例として，次の制約なし最小化問題を取り上げる．これは，二次関数を最小化するものである．

$$\begin{array}{ll} \text{最小化} & t^2 \\ \text{制約} & \text{なし.} \end{array} \tag{4.13}$$

この最小化問題 (4.13) を，回転つき二次錐制約を用いて二次錐最適化問題として定式化する．まず，新たに変数 s を導入する．この変数 s を用いることで，(4.13) は次の制約付き最小化問題に変換することができる．

$$\begin{array}{ll} \text{最小化} & s \\ \text{制約} & s \geq t^2. \end{array} \tag{4.14}$$

この制約付き最小化問題 (4.14) での制約式 $s \geq t^2$ は，回転つき二次錐制約として表すことができる．実際，

$$s \geq t^2 \quad \Leftrightarrow \quad \begin{bmatrix} s+1 & s-1 & 2t \end{bmatrix}^\top \succeq_S \mathbf{0}$$

となり，これは (4.12) において $y = s, z = 1, x_1 = t \ (n = 1)$ とおいたものに一致する．これより，(4.13) を解くには，次の二次錐最適化問題を解けばよいことがわかる．

$$\begin{array}{ll} \text{最大化} & -s \\ \text{制約} & \begin{bmatrix} s+1 & s-1 & 2t \end{bmatrix}^\top \succeq_S \mathbf{0}. \end{array} \tag{4.15}$$

もとの制約なしの最適化問題 (4.13) は，例えば**ニュートン法 (Newton method)** を用いて直接解くこともできる．それにもかかわらず，わざわざ二次錐最適化問題に変換して解くメリットの 1 つとして，最適解を得るまでの反復回数が初期点の選び方にあまりよらないことが挙げられる．

最適化問題 (4.15) を二次錐最適化問題の標準形として表すには，(4.15) の制約式を次のように書き換える．

$$\begin{bmatrix} s+1 \\ s-1 \\ 2t \end{bmatrix} \succeq_S \mathbf{0} \quad \Leftrightarrow \quad \begin{bmatrix} 1 \\ -1 \\ 0 \end{bmatrix} - s \begin{bmatrix} -1 \\ -1 \\ 0 \end{bmatrix} - t \begin{bmatrix} 0 \\ 0 \\ -2 \end{bmatrix} \succeq_S \begin{bmatrix} 0 \\ 0 \\ 0 \end{bmatrix}.$$

これを双対問題 (4.11) のかたちと見比べると，

$$\mathbf{c} = \begin{bmatrix} 1 \\ -1 \\ 0 \end{bmatrix}, \mathbf{a}_1^\top = \begin{bmatrix} -1 \\ -1 \\ 0 \end{bmatrix}, \mathbf{a}_2^\top = \begin{bmatrix} 0 \\ 0 \\ -2 \end{bmatrix}, \mathbf{b} = \begin{bmatrix} -1 \\ 0 \end{bmatrix}, \mathbf{y} = \begin{bmatrix} s \\ t \end{bmatrix} \tag{4.16}$$

とすればよいことがわかる．こうして，二次錐最適化問題の標準形として表

すことができる.

PICOS によるモデル化と求解

　PICOS では,回転つき二次錐制約を直接記述することができる. 例えば, 回転つき二次錐制約 $s \cdot 1 \geq t^2$ を追加するには, 次のようにすればよい.

```
import picos as pic
P = pic.Problem()
s = pic.RealVariable("s",1)
t = pic.RealVariable("t",1)
P.add_constraint(s >= t**2)
P.set_objective("min",s)
P.options.verbosity = 1
solution = P.solve()
print("status:",solution.claimedStatus)
print("optimal value:",P.value)
print("optimal solution")
print("s:",s.value,"t:",t.value)
```

PICOS は, add_constraint(s >= t**2) を $s \cdot 1 \geq t \cdot t$ という回転つき二次錐制約だと認識して, この最適化問題を二次錐最適化問題として扱うようになる. そして, solve() を実行すると, 最適解を得るために内点法を実行する. このプログラムを実行すると, 次のような結果が得られる.

```
===================================
            PICOS 2.0.8
===================================
Problem type: Quadratically Constrained Program.
Searching a solution strategy.
Solution strategy:
  1. ExtraOptions
  2. ConvexQuadraticToConicReformulation
  3. CVXOPTSolver
Skipping ExtraOptions.
Applying ConvexQuadraticToConicReformulation.
Building a CVXOPT problem instance.
Starting solution search.
-----------------------------------
 Python Convex Optimization Solver
    via internal CONELP solver
-----------------------------------
```

```
      pcost         dcost        gap      pres     dres     k/t
  0:  1.1102e-16  -1.0000e+00   2e+00    7e-01    1e+00    1e+00
  1:  2.4073e-02  -7.3250e-03   5e-02    3e-02    4e-02    5e-02
  2:  2.4818e-04  -7.1879e-05   5e-04    3e-04    4e-04    5e-04
  3:  2.4813e-06  -7.1865e-07   5e-06    3e-06    4e-06    5e-06
  4:  2.4813e-08  -7.1865e-09   5e-08    3e-08    4e-08    5e-08
  5:  2.4813e-10  -7.1865e-11   5e-10    3e-10    4e-10    5e-10
Optimal solution found.
------------[ CVXOPT ]-------------
Solver claims optimal solution for feasible problem.
Applying the solution.
Applied solution is primal feasible.
Search 6.8e-03s, solve 1.6e-02s, overhead 129%.
============[ PICOS ]============
status: optimal
optimal value: 2.4813318054139297e-10
optimal solution
s: 2.4813318054139297e-10  t: 0.0
```

これより，最適値 $0\ (= 2.48 \times 10^{-10})$ と最適解 $(s, t) = (0, 0)$ が得られたことがわかる.

　今度は，この問題が二次錐最適化問題であることをしっかりと意識したモデル化を行う. ベクトル a_1, a_2, b, c の値は，(4.16) で定めたとおりとする. これらを用いて，最適化問題 (4.15) を標準形の二次錐最適化問題として記述する. 具体的には，次のようにすればよい.

```
import picos as pic
P = pic.Problem()
y = pic.RealVariable("y",2)
z = pic.RealVariable("z",3)
a = {}
a[0] = pic.Constant("a[0]",[-1,-1,0])
a[1] = pic.Constant("a[1]",[0,0,-2])
c = pic.Constant("c",[1,-1,0])
b = pic.Constant("b",[-1,0])
P.add_constraint(z == c - y[0]*a[0] - y[1]*a[1])
P.set_objective('max',b|y)
P.add_constraint(abs(z[1:]) <= z[0])
P.options.verbosity = 1
solution = P.solve()
print("status:",solution.claimedStatus)
```

```
print("optimal value:",P.value)
print("optimal solution")
print("y:")
print(y.value)
```

この表し方では，変数 z の制約として add_constraint(abs(z[1:]) <= z[0]) を課している．これが二次錐制約である．この問題を解くと，先ほどと同じ最適値 0 が得られる．

```
================================
          PICOS 2.0.8
================================
Problem type: Second Order Cone Program.
Searching a solution strategy.
Solution strategy:
  1. ExtraOptions
  2. CVXOPTSolver
Skipping ExtraOptions.
Building a CVXOPT problem instance.
Starting solution search.
------------------------------------
 Python Convex Optimization Solver
    via internal CONELP solver
------------------------------------
     pcost        dcost        gap     pres     dres     k/t
0: -1.1102e-16  -0.0000e+00   2e+00   1e+00   1e+00   1e+00
1:  2.4073e-02   3.3551e-02   5e-02   4e-02   4e-02   5e-02
2:  2.4818e-04   3.4350e-04   5e-04   4e-04   4e-04   5e-04
3:  2.4813e-06   3.4344e-06   5e-06   4e-06   4e-06   5e-06
4:  2.4813e-08   3.4344e-08   5e-08   4e-08   4e-08   5e-08
5:  2.4813e-10   3.4344e-10   5e-10   4e-10   4e-10   5e-10
Optimal solution found.
------------[ CVXOPT ]-------------
Solver claims optimal solution for feasible problem.
Applying the solution.
Applied solution is primal feasible.
Search 2.4e-03s, solve 7.0e-03s, overhead 190%.
=============[ PICOS ]=============
status: optimal
optimal value: -2.48133188905417e-10
optimal solution
```

```
y:
[ 2.48e-10]
[ 0.00e+00]
```

4.2.2 ロバスト線形最適化問題

ロバスト最適化 (robust optimization) とは，データに不確実性がある場合の最適化手法の1つである．線形最適化問題において，制約行列 A，ベクトル b, c に不確実性がある場合，この問題はロバスト線形最適化問題 (robust linear optimization problem) とよぶ [2]．ここでは，次のように表される線形最適化問題を扱う．

$$
\begin{aligned}
\text{最小化} \quad & c \cdot x \\
\text{制約} \quad & a_i \cdot x \leq b_i \quad (i = 1, 2, \ldots, m), \\
& x \geq 0.
\end{aligned}
\tag{4.17}
$$

ここで，a_i は制約行列 A の第 i 行を表す．この問題において，a_i, b_i, c が不確実性をもつとする．データの不確実性として，ベクトル a_i がある**不確実性集合 (uncertainty set)** U_{a_i} の中に値をとると仮定する．同様に，b_i は不確実性集合 U_{b_i} の中に値をとるとする．

これを数式のかたちで書くと，次のようになる．

$$
\begin{aligned}
\text{最小化} \quad & c \cdot x \\
\text{制約} \quad & a_i \cdot x \leq b_i \quad (\forall a_i \in U_{a_i}, \forall b_i \in U_{b_i}) \quad (i = 1, 2, \ldots, m), \\
& x \geq 0.
\end{aligned}
\tag{4.18}
$$

ここで，$U_{a_i} \subseteq \mathbb{R}^n, U_{b_i} \subseteq \mathbb{R}$ は，与えられた不確実性集合を表す．

この定式化に現れる不確実性は，a_i と b に関するもののみであることに注意する．目的関数の係数 c に不確実性がある場合でも，a_i と b のみに不確実性を考えれば十分なのである．それは，目的関数の係数 c に不確実性がある場合は，新たに補助変数を導入して，その係数を制約式に移せばよいからである．例えば，c の k 番目の要素 c_k が不確実性をもつとする．問題 (4.17) の目的関数で，c_k と x_k の項を別に書くと，$c \cdot x = \sum_{j=1, j \neq k}^{n} c_j x_j + c_k x_k$ と表される．項 $c_k x_k$ に補助変数 t を導入すると，問題 (4.17) は，次の問題に書き換えられる．

$$
\begin{aligned}
\text{最小化}\quad & \sum_{j=1, j\neq k}^{n} c_j x_j + t \\
\text{制約}\quad & \boldsymbol{a}_i \cdot \boldsymbol{x} \le b_i \qquad (i = 1, 2, \ldots, m), \\
& t \ge c_k x_k, \\
& \boldsymbol{x} \ge \boldsymbol{0}.
\end{aligned}
$$

こうすると，変数 $\boldsymbol{x}$ の要素に補助変数 t を加えた $n+1$ 次元の決定変数

$$
\boldsymbol{x} = \left[x_1, x_2, \cdots, x_n, t \right]^{\top}
$$

を用いることで，目的関数の係数の不確実性は制約条件の不確実性として再定式化することができる．したがって，制約条件に現れる $\boldsymbol{a}_i$ と $\boldsymbol{b}$ の不確実性を考えれば十分である．

(a)　楕円不確実性集合

よく用いられる不確実性集合の 1 つが，**楕円不確実性集合 (ellipsoidal uncertainty set)** である [2]．これは，次の集合で与えられる．

$$
U_{\boldsymbol{a}_i} = \{ \bar{\boldsymbol{a}}_i + P_i \boldsymbol{u} \ \mid \ \|\boldsymbol{u}\|_2 \le 1 \} \quad (i = 1, 2, \ldots, m).
$$

ここで，$P_i \in \mathbb{R}^{n \times n}$，$\bar{\boldsymbol{a}}_i \in \mathbb{R}^n$ であり，これらの値に不確実性はない．また，$\boldsymbol{u} \in \mathbb{R}^n$ であり，ここでは，簡単のために b_i の不確実性は考えないとする．また，$\|\boldsymbol{u}\|_2 = \sqrt{u_1^2 + u_2^2 + \cdots + u_n^2}$ とする．

ロバスト線形最適化問題 (4.18) では，係数 $\boldsymbol{a}_i$ が不確実性集合 $U_{\boldsymbol{a}_i}$ の中のどのような値 $\tilde{\boldsymbol{a}}_i$ をとっても，$\tilde{\boldsymbol{a}}_i \cdot \boldsymbol{x} \le b_i$ が満たされなければならないという制約が課されている．このことから，制約式

$$
\boldsymbol{a}_i \cdot \boldsymbol{x} \le b_i \quad (\forall \boldsymbol{a}_i \in U_{\boldsymbol{a}_i}, \ i = 1, 2, \ldots, m)
$$

は，

$$
\max \{ \boldsymbol{a}_i \cdot \boldsymbol{x} \mid \boldsymbol{a}_i \in U_{\boldsymbol{a}_i} \} \le b_i \quad (i = 1, 2, \ldots, m)
$$

と書き換えることができる．この左辺の最大化問題の解は，次のように式として求めることができる．

$$
\begin{aligned}
\max \{ \boldsymbol{a}_i \cdot \boldsymbol{x} \ \mid \ \boldsymbol{a}_i \in U_{\boldsymbol{a}_i} \} &= \bar{\boldsymbol{a}}_i \cdot \boldsymbol{x} + \max \{ \boldsymbol{u}^{\top} P_i^{\top} \boldsymbol{x} \ \mid \ \|\boldsymbol{u}\|_2 \le 1 \} \\
&= \bar{\boldsymbol{a}}_i \cdot \boldsymbol{x} + \| P_i^{\top} \boldsymbol{x} \|_2.
\end{aligned}
$$

これより，ロバスト線形最適化問題 (4.18) は，次の最適化問題と同値であることがわかる．

$$
\begin{aligned}
&\text{最小化} \quad \boldsymbol{c}^\top \boldsymbol{x} \\
&\text{制約} \quad \bar{\boldsymbol{a}}_i \cdot \boldsymbol{x} + \|P_i^\top \boldsymbol{x}\|_2 \leq b_i \quad (i = 1, 2, \ldots, m).
\end{aligned}
\tag{4.19}
$$

これは二次錐最適化問題であり，効率的に解くことができる．

(b) PICOS によるモデル化と求解

　PICOS によって，楕円不確実性集合を用いたロバスト線形最適化問題を解く方法を述べる．ここでは，前に例として用いた線形最適化問題 (3.3) において，係数が不確実性をもつ問題を扱う．ここで，線形最適化問題 (3.3) を再掲する．

$$
\begin{aligned}
&\text{最小化} \quad -3x_1 \;+\; 11x_2 \;+\; 2x_3 \\
&\text{制約} \quad\;\; -x_1 \;+\; 3x_2 \qquad\qquad\;\; \leq \quad 5, \\
&\qquad\qquad\; 3x_1 \;+\; 3x_2 \qquad\qquad\;\; \leq \quad 4, \\
&\qquad\qquad\qquad\qquad\; 3x_2 \;+\; 2x_3 \;\; \leq \quad 6, \\
&\qquad\quad -3x_1 \qquad\qquad\; -\; 5x_3 \;\; \leq \;\; -4, \\
&\qquad\quad x_1, x_2, x_3 \geq 0.
\end{aligned}
$$

この線形最適化問題の係数行列とベクトルより，

$$
\boldsymbol{c} = \begin{bmatrix} -3 & 11 & 2 \end{bmatrix}^\top,
$$

$$
\bar{\boldsymbol{a}}_1 = \begin{bmatrix} -1 & 3 & 0 \end{bmatrix}, \bar{\boldsymbol{a}}_2 = \begin{bmatrix} 3 & 3 & 0 \end{bmatrix},
$$

$$
\bar{\boldsymbol{a}}_3 = \begin{bmatrix} 0 & 3 & 2 \end{bmatrix}, \bar{\boldsymbol{a}}_4 = \begin{bmatrix} -3 & 0 & -5 \end{bmatrix},
$$

$$
\boldsymbol{b} = \begin{bmatrix} 5 & 4 & 6 & -4 \end{bmatrix}^\top
$$

と定める．不確実性集合として，楕円不確実性集合を用いる．楕円不確実性集合を定める行列 P_i として，次のものを用いることにする．

$$
P_1 = \begin{bmatrix} 1 & 0 & 0 \\ 0 & 2 & 0 \\ 0 & 0 & 1 \end{bmatrix}, P_2 = \begin{bmatrix} 2 & 0 & 0 \\ 0 & 1 & 0 \\ 0 & 0 & 2 \end{bmatrix}, P_3 = \begin{bmatrix} 1 & 0 & 0 \\ 0 & 0.5 & 0 \\ 0 & 0 & 1 \end{bmatrix}, P_4 = \begin{bmatrix} 1 & 0 & 0 \\ 0 & 3 & 0 \\ 0 & 0 & 1 \end{bmatrix}.
$$

これより，例えばロバスト線形最適化問題の最初の制約式は，

$$\begin{bmatrix} -1 & 3 & 0 \end{bmatrix} \boldsymbol{x} + \left\| \begin{bmatrix} 1 & 0 & 0 \\ 0 & 2 & 0 \\ 0 & 0 & 1 \end{bmatrix} \boldsymbol{x} \right\| \leq 5$$

となる．二次錐最適化問題として定式化したロバスト線形最適化問題 (4.19)
の制約式は，次のように書き換えることができる．

$$\|P_i^\top \boldsymbol{x}\|_2 \leq b_i - \bar{\boldsymbol{a}}_i \cdot \boldsymbol{x} \quad (i = 1, 2, \dots, m). \tag{4.20}$$

これを二次錐制約として PICOS で記述すればよい．ここでは行列を扱うた
めに，PICOS とともに CVXOPT も用いる．

```
import picos as pic
import cvxopt as cvx
```

このプログラムでは，制約式に現れるベクトル $\bar{\boldsymbol{a}}_i$ $(i = 1, 2, 3, 4)$ は，行列 A
の第 i 行目として表すこととする．

$$A = \begin{bmatrix} \bar{\boldsymbol{a}}_1 \\ \bar{\boldsymbol{a}}_2 \\ \bar{\boldsymbol{a}}_3 \\ \bar{\boldsymbol{a}}_4 \end{bmatrix} = \begin{bmatrix} -1 & 3 & 0 \\ 3 & 3 & 0 \\ 0 & 3 & 2 \\ -3 & 0 & -5 \end{bmatrix}.$$

この行列を cvx.matrix() を用いて定める．cvx.matrix() の最初の引数に
は，A の各要素を1列目から順に並べたものを与える．2番目の引数で，行
と列の数を指定する．

```
A = cvx.matrix([-1,3,0,-3,3,3,3,0,0,0,2,-5],(4,3))
```

同様に，ベクトル

$$\boldsymbol{b} = \begin{bmatrix} 5 & 4 & 6 & -4 \end{bmatrix}^\top, \boldsymbol{c} = \begin{bmatrix} -3 & 11 & 2 \end{bmatrix}^\top$$

も cvx.matrix() を用いて定める．

```
b = cvx.matrix([5,4,6,-4],(4,1))
c = cvx.matrix([-3,11,2],(3,1))
```

定義した A,b,c は，new_param() により PICOS のパラメータに変換する．

```
A = pic.Constant("A",A)
b = pic.Constant("b",b)
c = pic.Constant("c",c)
```

楕円不確実集合を定める行列 P_1, P_2, P_3, P_4 も，それぞれ cvx.matrix() により定義し，リスト P の要素として保持する．さらに，各行列は Constant() により PICOS の定数に変換する．

```
P = []
P.append(cvx.matrix([1,0,0,0,2,0,0,0,1],(3,3)))
P.append(cvx.matrix([2,0,0,0,1,0,0,0,2],(3,3)))
P.append(cvx.matrix([1,0,0,0,0.5,0,0,0,1],(3,3)))
P.append(cvx.matrix([1,0,0,0,3,0,0,0,1],(3,3)))
for i in range(len(P)):
    P[i] = pic.Constant("P["+str(i)+"]",P[i])
```

これらのデータを用いて二次錐最適化問題 (4.19) を定義する．プログラム中の 3-5 行目で add_constraint() によって追加している制約は，二次錐制約 (4.20) に対応するものである．

```
prob = pic.Problem()
x = pic.RealVariable("x",3)
prob.add_constraint(abs(P[0]*x) <= b[0] - A[0,:]*x)
prob.add_constraint(abs(P[1]*x) <= b[1] - A[1,:]*x)
prob.add_constraint(abs(P[2]*x) <= b[2] - A[2,:]*x)
prob.add_list_of_constraints([x[i] >= 0 for i in range
    (3)])
objective = -3*x[0] + 11*x[1] + 2*x[2]
prob.set_objective('min',objective)
prob.options.verbosity = 1
solution = prob.solve()
print("status:",solution.claimedStatus)
print("optimal value:",prob.value)
print("optimal solution")
print("x:")
print(x.value)
```

これを実行すると，次のような結果を得る．

```
==================================
            PICOS 2.0.8
==================================
Problem type: Second Order Cone Program.
Searching a solution strategy.
Solution strategy:
  1. ExtraOptions
```

```
   2. CVXOPTSolver
Skipping ExtraOptions.
Building a CVXOPT problem instance.
Starting solution search.
-------------------------------------
 Python Convex Optimization Solver
    via internal CONELP solver
-------------------------------------
     pcost       dcost       gap    pres   dres   k/t
 0:  1.5113e+01 -3.5067e+01  6e+01  7e-01  2e+00  1e+00
 1: -5.1839e+02 -3.6188e+03  3e+05  5e+01  2e+02  2e+02
 2:  9.9376e-01 -4.3760e+01  1e+02  8e-01  3e+00  1e+01
 3: -2.1179e+00 -7.7842e+00  1e+01  9e-02  3e-01  5e-01
 4: -2.4657e+00 -2.6686e+00  4e-01  4e-03  1e-02  6e-02
 5: -2.4014e+00 -2.4050e+00  7e-03  6e-05  2e-04  1e-03
 6: -2.4000e+00 -2.4001e+00  2e-04  2e-06  6e-06  3e-05
 7: -2.4000e+00 -2.4000e+00  3e-06  3e-08  8e-08  4e-07
 8: -2.4000e+00 -2.4000e+00  3e-08  3e-10  9e-10  4e-09
 9: -2.4000e+00 -2.4000e+00  3e-10  4e-12  8e-12  4e-11
Optimal solution found.
------------[ CVXOPT ]--------------
Solver claims optimal solution for feasible problem.
Applying the solution.
Applied solution is primal feasible.
Search 7.3e-03s, solve 1.2e-02s, overhead 69%.
=============[ PICOS ]=============
status: optimal
optimal value: -2.400000000065084
optimal solution
x:
[ 8.00e-01]
[-4.37e-12]
[-1.97e-12]
```

これより，最適解として $x_1 = 0.8, x_2 = 0, x_3 = 0$ が得られ，そこで最適値 -2.4 をとることがわかる．これは，線形最適化問題 (3.3) の最適値 -4 よりも悪い（大きい）が，そのかわり，$\boldsymbol{a}_i$ が $U_{\boldsymbol{a}_i}$ 内のどの値をとっても問題 (4.18) の制約式が破られることはない．

4.3　半正定値最適化問題の解き方

4.3.1　最大カット問題に対する緩和

頂点集合 $V = \{1, 2, \ldots, n\}$ と辺集合 E からなる無向グラフを $G = (V, E)$ と定義する．各辺 $e = \{i, j\}$ には，重みとして w_{ij} が与えられているとする．このとき，頂点集合 V を，2 つの集合 V_+ と V_- に分ける問題を扱う．この分け方の中で，V_+ と V_- の間の辺，すなわち $i \in V_+$ かつ $j \in V_-$ となる辺 $\{i, j\} \in E$ の重み w_{ij} の総和を最大にするものを見つける問題を，**最大カット問題 (maximum cut problem)** とよぶ．総和の最大を達成する分割 V_+, V_- を**最大カット (maximum cut)**，そのときの重みの総和を最大カットの値とよぶ．この最大カットの値の上界は，次に述べるように半正定値最適化問題を解くことで得られる．

(a)　数理最適化問題としての定式化

この節では，[1] および [14] に基づき，最大カット問題の数理最適化問題への定式化を述べる．各頂点 $i \in V$ に対して，頂点 i を V_- に入れるとき -1，V_+ に入れるとき 1 をとる変数 x_i を用意する．このように定義すると，頂点 i と j が異なる集合に入っているとき，かつそのときに限り

$$(1 - x_i x_j) = (1 - x_j x_i) = 2$$

となり，同じ集合に入っているとき，かつそのときに限り，

$$(1 - x_i x_j) = (1 - x_j x_i) = 0$$

となる．こうすると，V_- と V_+ の間の辺の重みの総和は

$$q(\boldsymbol{x}) = \frac{1}{4} \sum_{i=1}^{n} \sum_{j=1}^{n} w_{ij} (1 - x_i x_j)$$

となる．ただし，$w_{ij} = w_{ji}$ が成り立つとし，辺のないペア $\{i, j\}$ に対しては $w_{ij} = 0$ とする．したがって，最大カット問題は次の最適化問題として定式化される．

$$
\begin{aligned}
\text{最大化} \quad & q(\boldsymbol{x}) = \frac{1}{4} \sum_{i=1}^{n} \sum_{j=1}^{n} w_{ij}(1 - x_i x_j) \\
\text{制約} \quad & x_i^2 = 1 \qquad\qquad\qquad (i = 1, 2, \ldots, n).
\end{aligned}
\tag{4.21}
$$

ここで，次の半正定値最適化問題を導入する．

$$
\begin{aligned}
\text{最大化} \quad & Q(X) = \frac{1}{4}\sum_{i=1}^{n}\sum_{j=1}^{n} w_{ij}\,(1 - X_{ij}) \\
\text{制約} \quad & X_{ii} = 1 \qquad\qquad\qquad (i = 1, 2, \ldots, n), \\
& X \in \mathcal{S}^n,\, X \succeq O.
\end{aligned}
\tag{4.22}
$$

この半正定値最適化問題は，最大カット問題の緩和問題を与える．実際，最大カット問題の任意の実行可能解 $\boldsymbol{x} \in \mathbb{R}^n$ に対して，$X = \boldsymbol{x}\boldsymbol{x}^\top \in \mathcal{S}^n$ は半正定値最適化問題の実行可能解で，かつ 2 つの目的関数値も

$$
\frac{1}{4}\sum_{i=1}^{n}\sum_{j=1}^{n} w_{ij}(1 - x_i x_j) = \frac{1}{4}\sum_{i=1}^{n}\sum_{j=1}^{n} w_{ij}\,(1 - X_{ij})
$$

となって一致する．

　目的関数は，グラフの**ラプラシアン行列 (Laplacian matrix)** を用いることでより簡潔に表すことができる．ラプラシアン行列 L の (i, j) 要素 ℓ_{ij} は，次のように定められる．

$$
\ell_{ij} =
\begin{cases}
0 & (\{i, j\} \notin E \text{ のとき}), \\
-w_{ij} & (i \neq j, \{i, j\} \in E \text{ のとき}), \\
\displaystyle\sum_{k:k\neq i} w_{ik} & (i = j \text{ のとき}).
\end{cases}
$$

すなわち，非対角成分は重み w_{ij} にマイナスをつけたもの，対角成分は，対応する頂点を端点とする辺の重みの和とする．このラプラシアン行列を用いると，半正定値最適化問題 (4.22) の目的関数は，

$$
\frac{1}{4}\boldsymbol{x}^\top L \boldsymbol{x}
$$

と表される [1].

(b)　NetworkX と PICOS によるモデル化と求解

　では，このアプローチを，図 4.1 に示したグラフの例[2]) に対して実行する．まず，この無向グラフを NetworkX の機能を用いて生成する．

```
import networkx as nx
G = nx.Graph()
G = nx.read_edgelist('maxcut.edgelist', nodetype = int,
```

---

[2]) https://picos-api.gitlab.io/picos/graphs.html で扱われているものである．

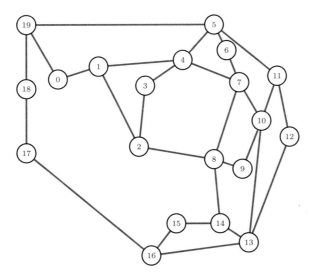

図 4.1 最大カットの例題

```
data = (('weight',float),))
```

`read_edgelist()` は，引数で与えたファイルからグラフを読み込む命令である．ここでは，テキストファイル `maxcut.edgelist` に書かれているノードと辺のデータを読み込んで，無向グラフ `G` を生成している．`maxcut.edgelist`の内容は次のとおりである．

```
0  1  8
0  19  38
1  2  25
1  4  20
2  3  22
2  8  17
2  16  17
3  4  5
4  5  33
4  7  18
5  6  9
5  11  31
5  19  25
6  7  30
7  8  19
7  10  2
8  9  8
```

```
8  14  27
9  10  31
10  11  26
10  13  23
11  12  20
12  13  23
13  14  28
13  16  12
14  15  10
15  16  27
16  17  31
17  18  17
18  19  27
```

このファイルの各行には，1 つの辺の情報が書かれている．各行の最初の 2 つ
の数字が辺の端点 i と j を表しており，3 番目の数字がその辺の重み w_{ij} を表
している．例えば，1 行目より，グラフには辺 $\{0, 1\}$ が含まれており，その
重みは 8 であることがわかる．また，頂点数は 20 であるので，$n = 20$ であ
り，半正定値最適化問題 (4.22) の変数は 20×20 の行列 X である．さて，半
正定値最適化問題 (4.22) を解くためのプログラムは，次のとおりである．

```
import networkx as nx
import picos as pic
G = nx.Graph()
G = nx.read_edgelist('maxcut.edgelist', nodetype = int,
    data = (('weight',float),))
n = G.number_of_nodes()
maxcut = pic.Problem()
X = pic.SymmetricVariable("X",(n,n))
L = pic.Constant("L",1/4.0*nx.laplacian_matrix(G).todense
    ())
maxcut.add_constraint(pic.diag_vect(X) == 1)
maxcut.add_constraint(X >> 0)
maxcut.set_objective('max',L|X)
maxcut.options.verbosity = 1
solution = maxcut.solve()
print("status:",solution.claimedStatus)
print("optimal value:",maxcut.value)
```

これを実行すると，次のような結果が得られる．

```
==================================
         PICOS 2.0.8
```

```
===================================
Problem type: Semidefinite Program.
Searching a solution strategy.
Solution strategy:
  1. ExtraOptions
  2. CVXOPTSolver
Skipping ExtraOptions.
Building a CVXOPT problem instance.
Starting solution search.
-----------------------------------
 Python Convex Optimization Solver
    via internal CONELP solver
-----------------------------------
     pcost        dcost        gap    pres     dres    k/t
 0: -3.1450e+02 -3.1450e+02  4e+02  4e-09   9e-01   1e+00
 1: -4.3949e+02 -4.3654e+02  3e+02  4e-09   8e-01   4e+00
 2: -5.3281e+02 -5.3146e+02  9e+01  1e-09   2e-01   2e+00
 3: -5.5490e+02 -5.5369e+02  6e+01  7e-10   2e-01   1e+00
 4: -5.9407e+02 -5.9396e+02  4e+00  5e-11   1e-02   1e-01
 5: -5.9706e+02 -5.9705e+02  5e-01  6e-12   1e-03   2e-02
 6: -5.9743e+02 -5.9743e+02  4e-02  5e-13   1e-04   1e-03
 7: -5.9746e+02 -5.9746e+02  6e-03  8e-14   2e-05   2e-04
 8: -5.9747e+02 -5.9747e+02  2e-03  4e-14   6e-06   8e-05
 9: -5.9747e+02 -5.9747e+02  3e-04  5e-14   9e-07   1e-05
10: -5.9747e+02 -5.9747e+02  8e-05  2e-14   2e-07   3e-06
11: -5.9747e+02 -5.9747e+02  6e-06  2e-14   2e-08   2e-07
12: -5.9747e+02 -5.9747e+02  4e-07  2e-13   1e-09   2e-08
Optimal solution found.
------------[ CVXOPT ]-------------
Solver claims optimal solution for feasible problem.
Applying the solution.
Applied solution is primal feasible.
Search 1.3e-01s, solve 1.4e-01s, overhead 4%.
=============[ PICOS ]=============
status: optimal
optimal value: 597.4683853646442
```

これより，この半正定値最適化問題 (4.22) の最適値が 597.5 であることがわかる．これは緩和問題の最適値であるから，もとの最大カット問題 (4.21) の最適値は，これより小さいことがわかる．

4.3.2　多項式最適化

多項式最適化問題 (polynomial optimization problem) は，目的関数も制約式も多項式で表される数理最適化問題のことをいう [1].

$$最小化 \quad f_0(\boldsymbol{x})$$
$$制約 \quad f_i(\boldsymbol{x}) \leq 0 \quad (i = 1, 2, \ldots, m),$$
$$h_i(\boldsymbol{x}) = 0 \quad (i = 1, 2, \ldots, n).$$

多項式最適化においては，**多項式の非負性 (polynomial nonnegativity)** の判定が重要な役割を果たす．多項式 $f(\boldsymbol{x})$ の非負性の判定とは，

$$すべての \, \boldsymbol{x} \in \mathbb{R}^n \, に対して \, f(\boldsymbol{x}) \geq 0 \, が成り立つか否か$$

を判定することをさす．ここで，**多項式の二乗和 (sum-of-squares of polynomials)** は常に非負であることに注意すると，$f(\boldsymbol{x})$ が多項式の二乗和で表されるならば，$f(\boldsymbol{x}) \geq 0$ であることがわかる．例えば，多項式

$$x^4 - 2x^3y + 2x^3 + 8x^2y^2 - 22x^2y + 15x^2 + 18xy^3 - 28xy^2$$
$$+4xy + 9y^4 - 4y^3 + 2y^2 \tag{4.23}$$

は，次のように多項式の二乗和で表されるので，非負であることがわかる．

$$\left(x + y - 2xy - y^2\right)^2 + \left(-2x + xy + y^2\right)^2 + \left(x - xy + x^2 - 2y^2\right)^2.$$

この式は，**単項式 (monomial)** からなるベクトル $\boldsymbol{z} = \begin{bmatrix} x & y & xy & x^2 & y^2 \end{bmatrix}^\top$ と係数ベクトル

$$\boldsymbol{a}_1 = \begin{bmatrix} 1 & 1 & -2 & 0 & -1 \end{bmatrix}^\top, \boldsymbol{a}_2 = \begin{bmatrix} -2 & 0 & 1 & 0 & 1 \end{bmatrix}^\top,$$
$$\boldsymbol{a}_3 = \begin{bmatrix} 1 & 0 & -1 & 1 & -2 \end{bmatrix}^\top$$

を用いて

$$\boldsymbol{z}^\top \boldsymbol{a}_1 \boldsymbol{a}_1^\top \boldsymbol{z} + \boldsymbol{z}^\top \boldsymbol{a}_2 \boldsymbol{a}_2^\top \boldsymbol{z} + \boldsymbol{z}^\top \boldsymbol{a}_3 \boldsymbol{a}_3^\top \boldsymbol{z} \tag{4.24}$$

と表される．これは，行列 Q を $Q = \boldsymbol{a}_1 \boldsymbol{a}_1^\top + \boldsymbol{a}_2 \boldsymbol{a}_2^\top + \boldsymbol{a}_3 \boldsymbol{a}_3^\top$ と定めると，

$$f(\boldsymbol{x}) = \boldsymbol{z}^\top Q \boldsymbol{z}$$

と表される．

一般に，$f(\boldsymbol{x})$ が，行列 Q と単項式からなるベクトル $\boldsymbol{z}$ を用いて $f(\boldsymbol{x}) =$

$z^\top Q z$ と表されて，行列 Q が半正定値ならば，$Q = \sum_{i=1}^{n} a_i a_i^\top$ と分解することで[*6]，

$$f(x) = z^\top \left(\sum_{i=1}^{n} a_i a_i^\top \right) z = \sum_{i=1}^{n} \left(z^\top a_i a_i^\top z \right) = \sum_{i=1}^{n} \left(a_i^\top z \right)^2$$

[*6] 固有値分解などを用いればよい．

と表すことができる．そこで，このような行列 Q を見つけることができれば，関数 $f(x)$ は多項式の二乗和で表すことができることがわかる．

(a) 半正定値最適化問題としての定式化

このような半正定値行列 Q は，半正定値最適化問題を解くことで得られる．いま，行列 Q の成分を q_{ij} と表すと，(4.24) に対する $z^\top Q z$ は次のように展開できる．

$$\begin{bmatrix} x & y & xy & x^2 & y^2 \end{bmatrix} \begin{bmatrix} q_{00} & q_{01} & q_{02} & q_{03} & q_{04} \\ q_{10} & q_{11} & q_{12} & q_{13} & q_{14} \\ q_{20} & q_{21} & q_{22} & q_{23} & q_{24} \\ q_{30} & q_{31} & q_{32} & q_{33} & q_{34} \\ q_{40} & q_{41} & q_{42} & q_{43} & q_{44} \end{bmatrix} \begin{bmatrix} x \\ y \\ xy \\ x^2 \\ y^2 \end{bmatrix}$$

$$= q_{00}x^2 + 2q_{01}xy + q_{11}y^2 + 2\left(q_{02} + q_{13} \right) x^2 y + 2q_{03}x^3 + 2\left(q_{04} + q_{12} \right) xy^2$$
$$+ 2q_{14}y^3 + \left(q_{22} + 2q_{34} \right) x^2 y^2 + 2q_{23}x^3 y + q_{33}x^4 + 2q_{24}xy^3 + q_{44}y^4.$$

これと多項式 (4.23) の各項の係数とを比較して，

$$q_{00} = 15, 2q_{01} = 4, q_{11} = 2, 2(q_{02} + q_{13}) = -22, 2q_{03} = 2, 2(q_{04} + q_{12}) = -28,$$
$$2q_{14} = -4, q_{22} + 2q_{34} = 8, 2q_{23} = -2, q_{33} = 1, 2q_{24} = 18, q_{44} = 9$$

を得る．これらの関係を満たす半正定値行列 Q が存在するか否かを確認するには，次の半正定値最適化問題を解けばよい．

$$\begin{array}{ll} \text{最小化} & 0 \\ \text{制約} & Q \succeq O, \\ & q_{00} = 15, 2q_{01} = 4, q_{11} = 2, 2(q_{02} + q_{13}) = -22, \\ & 2q_{03} = 2, 2(q_{04} + q_{12}) = -28, 2q_{14} = -4, q_{22} + 2q_{34} = 8, \\ & 2q_{23} = -2, q_{33} = 1, 2q_{24} = 18, q_{44} = 9. \end{array}$$

$$(4.25)$$

ここでは実行可能解を見つけることが目的なので，目的関数は 0 としている．この問題に実行可能解 $\tilde{Q}$ があれば，$f(\boldsymbol{x}) = \boldsymbol{z}^\top \tilde{Q} \boldsymbol{z}$ と表されることがわかる．

(b)   PICOS によるモデル化と求解

半正定値最適化問題 (4.25) を PICOS で解くためのプログラムは，次のとおりである．

```python
import picos as pic
pic.ascii()
sdp = pic.Problem()
Q = pic.SymmetricVariable("Q",(5,5))
C = sdp.add_constraint(Q >> 0)
sdp.add_constraint(Q[0,0] == 15)
sdp.add_constraint(2*Q[0,1] == 4)
sdp.add_constraint(Q[1,1] == 2)
sdp.add_constraint(2*(Q[0,2] + Q[1,3]) == -22)
sdp.add_constraint(2*Q[0,3] == 2)
sdp.add_constraint(2*(Q[0,4] + Q[1,2]) == -28)
sdp.add_constraint(2*Q[1,4] == -4)
sdp.add_constraint((Q[2,2] + 2*Q[3,4]) == 8)
sdp.add_constraint(2*Q[2,3] == -2)
sdp.add_constraint(Q[3,3] == 1)
sdp.add_constraint(2*Q[2,4] == 18)
sdp.add_constraint(Q[4,4] == 9)
print(sdp)
sdp.options.verbosity = 1
solution = sdp.solve()
print("status:",solution.claimedStatus)
print("optimal solution")
print("Q:")
print(Q.value)
```

ここでは，実行可能解を求めることが目的なので，目的関数は設定していない[7]．

これを実行すると，次の結果を得る．

[7] 目的関数は 0 としている．

```
----------------------------
Feasibility Problem
  find an assignment
  for
    5x5 symmetric variable Q
```

```
   subject to
     Q >> 0
     Q[0,0] = 15
     2*Q[0,1] = 4
     Q[1,1] = 2
     2*(Q[0,2] + Q[1,3]) = -22
     2*Q[0,3] = 2
     2*(Q[0,4] + Q[1,2]) = -28
     2*Q[1,4] = -4
     Q[2,2] + 2*Q[3,4] = 8
     2*Q[2,3] = -2
     Q[3,3] = 1
     2*Q[2,4] = 18
     Q[4,4] = 9
----------------------------
===================================
               PICOS 2.0.8
===================================
Problem type: Feasibility Problem.
Searching a solution strategy.
Solution strategy:
  1. ExtraOptions
  2. CVXOPTSolver
Skipping ExtraOptions.
Building a CVXOPT problem instance.
Starting solution search.
-------------------------------------
 Python Convex Optimization Solver
     via internal CONELP solver
-------------------------------------
     pcost         dcost       gap     pres    dres    k/t
 0:  0.0000e+00  -0.0000e+00  8e+01   2e+01   2e+00   1e+00
 1:  0.0000e+00   5.9602e-01  8e+00   3e+00   3e-01   7e-01
 2:  0.0000e+00   1.1056e-01  4e-01   3e-01   3e-02   1e-01
 3:  0.0000e+00   1.9731e-03  8e-03   6e-03   6e-04   2e-03
 4:  0.0000e+00   1.9675e-05  8e-05   6e-05   6e-06   2e-05
 5:  0.0000e+00   1.9674e-07  8e-07   6e-07   6e-08   2e-07
 6:  0.0000e+00   1.9674e-09  8e-09   6e-09   6e-10   2e-09
Optimal solution found.
------------[ CVXOPT ]-------------
Solver claims optimal solution for feasible problem.
```

```
Applying the solution.
Applied solution is primal feasible.
Search 5.7e-03s, solve 1.1e-02s, overhead 86%.
=============[ PICOS ]=============
status: optimal
optimal solution
Q:
[ 1.50e+01  2.00e+00 -1.11e+01  1.00e+00 -1.10e+01]
[ 2.00e+00  2.00e+00 -3.02e+00  8.55e-02 -2.00e+00]
[-1.11e+01 -3.02e+00  1.07e+01 -1.00e+00  9.00e+00]
[ 1.00e+00  8.55e-02 -1.00e+00  1.00e+00 -1.33e+00]
[-1.10e+01 -2.00e+00  9.00e+00 -1.33e+00  9.00e+00]
```

これより，内点法で最適解が得られたことがわかる．2 行目の Feasibility
Problem は，これが実行可能解を求める問題であることを示している．実行
の結果，最適解として得られた行列は，四捨五入で 3 桁まで表示すると，

$$
\begin{bmatrix}
15 & 2 & -11.1 & 1 & -11 \\
2 & 2 & -3.02 & 0.0855 & -2 \\
-11.1 & -3.02 & 10.7 & -1 & 9 \\
1 & 0.0855 & -1 & 1 & -1.33 \\
-11 & -2 & 9 & -1.33 & 9
\end{bmatrix}
$$

である．

　では，この行列を $\tilde{Q}$ として，多項式 (4.23) が実際に $f(\boldsymbol{x}) = \boldsymbol{z}^\top \tilde{Q} \boldsymbol{z}$ と多項
式の二乗和で表されることを確認する．この行列 $\tilde{Q}$ の固有値を $\lambda_1, \lambda_2, \ldots, \lambda_n$,
固有ベクトル (eigenvector) を $\boldsymbol{v}_1, \boldsymbol{v}_2, \ldots, \boldsymbol{v}_n$ とすると[8],

*8 n 個の異なる固有値と
固有ベクトルが存在する
と仮定している．

$$
\begin{aligned}
\tilde{Q} &= \sum_{i=1}^{n} \lambda_i \boldsymbol{v}_i \boldsymbol{v}_i^\top \\
&= \sum_{i=1}^{n} \left(\sqrt{\lambda_i} \boldsymbol{v}_i \right) \left(\sqrt{\lambda_i} \boldsymbol{v}_i \right)^\top
\end{aligned}
\tag{4.26}
$$

と表される．$\tilde{Q}$ の固有値と固有ベクトルを求めるには，lapack.syev() を用
いる．syev() は線形計算のためのライブラリである LAPACK の関数であ
るが，cvxopt から lapack をインポートすることで使うことができる．

```
import numpy as np
from cvxopt import matrix, lapack
Q_opt = Q.value
```

```
n,n = Q_opt.size
w = matrix([[0.0]*n])
lapack.syev(Q_opt,w,jobz="V")
```

lapack.syev(Q_opt,w,jobz="V") によって，行列 Q_opt の固有値 w と固有
ベクトルが得られる．得られた固有ベクトルは，Q_opt に上書きされる．こう
して求めた固有値と固有ベクトルを係数とする多項式によって，(4.23) の多
項式が実際に多項式の二乗和として表されることを確認する．それには，次
のプログラムを実行する．ここでは，代数演算が可能なパッケージ SymPy[3)]
を用いている．

```
from sympy.abc import x,y
from sympy import expand
z = [x,y,x*y,x**2,y**2]
g={}
for i in range(len(w)):
    g[i] = sum(c*term for c,term in zip(z,Q_opt[:,i]*np.
        sqrt(w[i])))
print(expand(sum([g[i]**2 for i in range(len(w))])))
```

まず，1 行目の import 文で，x と y を代数操作が可能な変数として扱えるよ
うにしておく．2 行目は，多項式を展開する関数 expand() を使えるようにす
るものである．3 行目で，単項式からなるベクトル $\begin{bmatrix} x & y & xy & x^2 & y^2 \end{bmatrix}$ を
表すリスト z を定義する．5 行目からの for 文で，(4.26) の $\sqrt{\lambda_i}\boldsymbol{v}_i$ にあたる
式を生成し，辞書の値 g[i] として記憶している．行列 V は，Q_opt の固有
ベクトルを列ベクトルとして並べた行列なので，その第 i 列を表す V[:,i]
により，$\boldsymbol{v}_i$ にあたるベクトルが得られる．最後に，6 行目で得られた項 g[i]
の二乗和を計算し，expand() により展開している．このプログラムを実行す
ると，次のような結果を得る．

[3)] https://www.sympy.org

```
1.0*x**4 - 2.0*x**3*y + 2.0*x**3 + 8.0*x**2*y**2 - 22.0*x
    **2*y + 15.0*x**2 + 18.0*x*y**3 - 28.0*x*y**2 + 4.0*x*
    y + 9.00000000000001*y**4 - 4.00000000000001*y**3 +
    2.0*y**2
```

これを見ると，確かに (4.23) の多項式となっていることがわかる．なお，二乗和で表すための半正定値行列が存在しないとき，すなわち半正定値最適化問題 (4.25) に実行可能解が存在しないとき，多項式は二乗和で表すことができないことも知られている．

　関数を二乗和で表現する方法は，最適化問題を解く際に有効に用いることができる．いま，簡単のために，制約なしの最適化問題

$$最小化 \quad f(\boldsymbol{x})$$

*9 制約付きの最適化問題に対しても同様なアプローチが可能である．

を取り上げる[*9]．この問題の最適値は，新しい変数 ζ を導入して定義した最大化問題

$$\begin{vmatrix} 最大化 & \xi \\ 制約 & f(\boldsymbol{x}) - \zeta \geq 0 \quad (\boldsymbol{x} \in \mathbb{R}^n) \end{vmatrix}$$

の最適値として得ることができる．これは，非負多項式の集合を表す記号 $\mathcal{N}$[*10] を用いると，

*10 $\mathcal{N} = \{f(\boldsymbol{x}) \mid f(\boldsymbol{x}) \geq 0\}$.

$$\begin{vmatrix} 最大化 & \xi \\ 制約 & f(\boldsymbol{x}) - \zeta \in \mathcal{N} \end{vmatrix} \tag{4.27}$$

と表すことができる．ここで，r 次までの多項式の二乗和の集合 SOS_r を，次のように定義する．

$$\mathrm{SOS}_r = \left\{ \sum_{j=1}^{q} g_j(\boldsymbol{x})^2 : q \geq 1, g_j(\boldsymbol{x}) \text{ は次数が } r \text{ 以下の多項式} \right\}$$

多項式の二乗和は常に非負であり，かつ，SOS_r の定義では r 次以下の多項式のみを用いていることを考えると，明らかに $\mathrm{SOS}_r \subset \mathcal{N}$ である．これを用いて，(4.27) の実行可能領域を制限した次の最適化問題を定義する．

$$\begin{vmatrix} 最大化 & \xi \\ 制約 & f(\boldsymbol{x}) - \zeta \in \mathrm{SOS}_r \end{vmatrix} \tag{4.28}$$

$\mathrm{SOS}_r \subset \mathcal{N}$ であるから，(4.28) の制約は，(4.27) の制約よりも緩い．したがっ

て，この問題 (4.28) の最適値は，問題 (4.27) の最適値の下界を与えることがわかる．

ここで，下記の関数

$$f(\boldsymbol{x}) = 4x^4 + 4x^3y - 7x^2y^2 - 2xy^3 + 10y^4$$

の最小化問題をとりあげる．この最小化問題は，次の最大化問題に書き換えられる．

$$\left|\begin{array}{ll} \text{最大化} & \zeta \\ \text{制約} & f(\boldsymbol{x}) - \zeta \geq 0 \quad (\boldsymbol{x} \in \mathbb{R}^n). \end{array}\right. \tag{4.29}$$

この制約式を置き換えた最大化問題

$$\left|\begin{array}{ll} \text{最大化} & \zeta \\ \text{制約} & f(\boldsymbol{x}) - \zeta \in \text{SOS}_r \end{array}\right.$$

の最適値は，問題 (4.29) の最適値の下界を与える．

この問題を解くために，半正定値最適化問題を用いる．まず，

$$\boldsymbol{z} = \begin{bmatrix} 1 & x & y & xy & x^2 & y^2 \end{bmatrix}^\top$$

という単項式の要素からなるベクトルを用意する．すると，この最大化問題は，次のように書き換えられる．

$$\begin{array}{ll} \text{最大化} & \zeta \\ \text{制約} & f(\boldsymbol{x}) - \zeta = \boldsymbol{z}^\top Q \boldsymbol{z}, \\ & Q \succeq O. \end{array}$$

いま，

$$\boldsymbol{z}^\top Q \boldsymbol{z} = \boldsymbol{z}^\top \begin{bmatrix} q_{00} & q_{01} & q_{02} & q_{03} & q_{04} & q_{05} \\ q_{10} & q_{11} & q_{12} & q_{13} & q_{14} & q_{15} \\ q_{20} & q_{21} & q_{22} & q_{23} & q_{24} & q_{25} \\ q_{30} & q_{31} & q_{32} & q_{33} & q_{34} & q_{35} \\ q_{40} & q_{41} & q_{42} & q_{43} & q_{44} & q_{45} \\ q_{50} & q_{51} & q_{52} & q_{53} & q_{54} & q_{55} \end{bmatrix} \boldsymbol{z}$$

と表すことにする．ただし，Q は対称行列で $q_{ij} = q_{ji}$ が成り立つとする．この式を展開すると，

$$q_{00} + 2q_{01}x + 2q_{02}y + 2(q_{03} + q_{12})xy + 2(q_{04} + q_{11})x^2 + 2(q_{05} + q_{22})y^2$$

$$+ 2(q_{13} + q_{24})x^2y + 2q_{14}x^3 + 2(q_{15} + q_{23})xy^2 + 2q_{25}y^3$$

$$+ (q_{33} + 2q_{45})x^2y^2 + 2q_{34}x^3y + 2q_{35}xy^3 + q_{44}x^4 + q_{55}y^4$$

となる．これを (4.28) の制約式に現れる

$$f(\boldsymbol{x}) - \zeta$$

と比較すると，

$$q_{00} = -\zeta, 2q_{01} = 0, 2q_{02} = 0, 2(q_{03} + q_{12}) = 0, 2(q_{04} + q_{11}) = 0,$$

$$2(q_{05} + q_{22}) = 0, 2(q_{13} + q_{24}) = 0, 2q_{14} = 0, 2(q_{15} + q_{23}) = 0,$$

$$2q_{25} = 0, (q_{33} + 2q_{45}) = -7, 2q_{34} = 4, 2q_{35} = -2, q_{44} = 4, q_{55} = 10$$

が成り立っていれば，$f(\boldsymbol{x}) - \zeta$ は $\boldsymbol{z}^\top Q\boldsymbol{z}$ と表されることがわかる．これより，次の半正定値最適化問題を解けば，(4.29) の最適値の下界が得られることがわかる．

最大化　ζ

制約　　$Q \succeq 0,$

$$q_{00} = -\zeta, 2q_{01} = 0, 2q_{02} = 0, 2(q_{03} + q_{12}) = 0,$$

$$2(q_{04} + q_{11}) = 0, 2(q_{05} + q_{22}) = 0, 2(q_{13} + q_{24}) = 0,$$

$$2q_{14} = 0, (q_{15} + q_{23}) = 0, 2q_{25} = 0, (q_{33} + 2q_{45}) = -7,$$

$$2q_{34} = 4, 2q_{35} = -2, q_{44} = 4, q_{55} = 10.$$

この半正定値最適化問題を解くためのプログラムは次のとおりである．

```
import picos as pic
sdp = pic.Problem()
Q = pic.SymmetricVariable("Q", (6, 6))
zeta = pic.RealVariable("zeta", 1)
sdp.set_objective("max",zeta)
C = sdp.add_constraint(Q >> 0)
sdp.add_constraint(Q[0,0] == -zeta)
sdp.add_constraint(2*Q[0,1] == 0)
sdp.add_constraint(2*Q[0,2] == 0)
sdp.add_constraint(2*(Q[0,3] + Q[1,2]) == 0)
sdp.add_constraint(2*(Q[0,4] + Q[1,1]) == 0)
sdp.add_constraint(2*(Q[0,5] + Q[2,2]) == 0)
sdp.add_constraint(2*(Q[1,3] + Q[2,4]) == 0)
```

```
sdp.add_constraint(2*Q[1,4] == 0)
sdp.add_constraint(Q[1,5] + Q[2,3] == 0)
sdp.add_constraint(2*Q[2,5] == 0)
sdp.add_constraint(Q[3,3] + 2*Q[4,5] == -7)
sdp.add_constraint(2*Q[3,4] == 4)
sdp.add_constraint(2*Q[3,5] == -2)
sdp.add_constraint(Q[4,4] == 4)
sdp.add_constraint(Q[5,5] == 10)
sdp.options.verbosity = 1
solution = sdp.solve()
print("status:", solution.claimedStatus)
print("optimal value:", sdp.value)
print("optimal solution")
print("Q:")
print(Q.value)
```

これを実行すると，次の結果が得られる．

```
====================================
            PICOS 2.0.8
====================================
Problem type: Semidefinite Program.
Searching a solution strategy.
Solution strategy:
  1. ExtraOptions
  2. CVXOPTSolver
Skipping ExtraOptions.
Building a CVXOPT problem instance.
Starting solution search.
------------------------------------
 Python Convex Optimization Solver
    via internal CONELP solver
------------------------------------
     pcost        dcost        gap      pres     dres     k/t
 0:  0.0000e+00  -0.0000e+00   4e+01    1e+01    2e+00    1e+00
 1:  4.0466e-01   4.7753e-01   2e+00    7e-01    2e-01    1e-01
 2:  7.6890e-03   1.7188e-02   1e-01    7e-02    2e-02    2e-02
 3:  8.2062e-03   1.0987e-02   3e-02    2e-02    4e-03    5e-03
 4: -7.2946e-04   2.0180e-04   9e-03    5e-03    1e-03    1e-03
 5:  8.9679e-04   1.1721e-03   2e-03    1e-03    3e-04    4e-04
 6:  3.7161e-05   7.7243e-05   4e-04    2e-04    5e-05    6e-05
 7: -8.7255e-07   4.1286e-06   5e-05    2e-05    6e-06    8e-06
```

```
 8:    3.4773e-06   4.8778e-06    1e-05    7e-06    2e-06    2e-06
 9:   -3.8279e-07  -3.0299e-08    3e-06    2e-06    4e-07    5e-07
10:    2.0702e-07   2.6105e-07    5e-07    3e-07    6e-08    8e-08
11:   -1.4862e-09   4.5662e-09    5e-08    3e-08    7e-09    8e-09
12:    2.8166e-09   4.3793e-09    9e-09    5e-09    1e-09    2e-09
Optimal solution found.
------------[ CVXOPT ]-------------
Solver claims optimal solution for feasible problem.
Applying the solution.
Applied solution is primal feasible.
Search 1.4e-02s, solve 1.9e-02s, overhead 40%.
=============[ PICOS ]=============
status: optimal
optimal value: -2.8166169353148223e-09
optimal solution
Q:
[ 2.82e-09   2.60e-25   9.62e-26  -1.27e-05  -3.11e-05  -5.59e
    -05]
[ 2.60e-25   3.11e-05   1.27e-05  -2.23e-16   2.37e-29   1.33e
    -16]
[ 9.62e-26   1.27e-05   5.59e-05  -1.33e-16   2.23e-16   7.88e
    -30]
[-1.27e-05  -2.23e-16  -1.33e-16   2.31e+00   2.00e+00  -1.00e
    +00]
[-3.11e-05   2.37e-29   2.23e-16   2.00e+00   4.00e+00  -4.66e
    +00]
[-5.59e-05   1.33e-16   7.88e-30  -1.00e+00  -4.66e+00   1.00e
    +01]
```

これより，半正定値最適化問題の最適値は 0 であることがわかった．したがって，(4.29) の最適値は 0 以上であることがわかる．

4.4　混合整数最適化問題の解き方

1つの混合整数最適化問題には，2つ以上の異なる定式化が存在する．これらの中から最も良いものを選びたい．そのために，定式化の「良さ」を定める．いま，ある問題に対して，2つの異なる定式化 F_1 と F_2 があるとする．F_1 の線形計画緩和の実行可能領域を R_1，F_2 の線形計画緩和の実行可能領域

を R_2 とする. ここで, $R_1 \subseteq R_2$ が成り立つならば, F_1 は F_2 よりも**良い定式化 (good formulation)** または**強い定式化 (strong formulation)** という. 混合整数最適化問題の場合, 複数の定式化の中でできるだけ強い定式化を用いることが望ましい. 弱い定式化を用いると, 計算時間が非常に長くかかる可能性がある[*11].

*11 数日かかっても終わらないことがある.

4.4.1 緩和問題と凸包

集合 $X \subseteq \mathbb{R}^n$ の**凸包 (convex hull)** は

$$\mathrm{conv}(X) = \left\{ \boldsymbol{x} \;\middle|\; \begin{array}{l} \boldsymbol{x} = \sum_{i=1}^t \lambda_i \boldsymbol{x}^i, \sum_{i=1}^t \lambda_i = 1, \lambda_i \geq 0 \; (i = 1, 2, \ldots, t), \\ \{x_1, x_2, \ldots, x_t\} \text{ は } X \text{ のすべての有限部分集合} \end{array} \right\}$$

で定義される. 整数線形最適化問題については, $\mathrm{conv}(X)$ は多面体となり, その端点は X に含まれる. したがって, 整数線形最適化問題

$$\left| \begin{array}{ll} \text{最大化} & \boldsymbol{c} \cdot \boldsymbol{x} \\ \text{制約} & \boldsymbol{x} \in X \end{array} \right.$$

は,

$$\left| \begin{array}{ll} \text{最大化} & \boldsymbol{c} \cdot \boldsymbol{x} \\ \text{制約} & \boldsymbol{x} \in \mathrm{conv}(X) \end{array} \right. \tag{4.30}$$

に置き換えることができる [9]. しかし, これはあくまで理論的に成り立つ置き換えであって, 実際には特別な場合を除いて $\mathrm{conv}(X)$ の具体的な表現を見つけることは難しい.

また, 整数「非」線形最適化問題

$$\left| \begin{array}{ll} \text{最大化} & f(\boldsymbol{x}) \\ \text{制約} & \boldsymbol{x} \in X \end{array} \right.$$

を解く際には, 実行可能領域 X に対して $X \subseteq X'$ の関係を満たす X' を用いた緩和問題

$$\left| \begin{array}{ll} \text{最大化} & f(\boldsymbol{x}) \\ \text{制約} & \boldsymbol{x} \in X' \end{array} \right. \tag{4.31}$$

がよく用いられる. この X' としては, もとの問題の制約式のうちの整数条件を緩和したものがよく用いられる. この X' は, $X \subseteq X'$ を満たす中でできるだけ X に近く, そして緩和問題 (4.31) が簡単に解けるものがよい. そこでよ

く用いられるのが, X' が凸集合になるように定める方法である. この際に, X' として最も望ましいものは, $X' = \mathrm{conv}(X)$ である. なぜなら, $\mathrm{conv}(X)$ は X を含む凸集合の中で最も小さいものだからである.

4.4.2 施設配置問題

強い定式化と弱い定式化の例として, **施設配置問題 (facility location problem)** の定式化を2つ示す.

施設配置問題は, 候補のなかから開設する施設を決めると同時に, 開設した各施設が各顧客の需要を満たす割合を決める問題である. いま, 施設の候補の集合を $N = \{1, 2, \ldots, n\}$, 顧客の集合を $M = \{1, 2, \ldots, m\}$ とする. 施設 $j \in N$ を開設するには**固定コスト (fixed cost)** f_j がかかり[*12], 顧客 $i \in M$ の需要のすべてを施設 j が満たすときのコストは c_{ij} とする. このとき, コストの総和が最小になるように, どの施設を開設するかと, 開設した各施設が各顧客の需要[*13]のどれだけの割合を満たすかを決めるのが, 施設配置問題である.

この施設配置問題を整数最適化問題として定式化するために, 変数を定義する. 施設 $j \in N$ を使うとき 1, それ以外のとき 0 をとる変数 y_j と, 施設 j が満たす顧客 i の需要の割合を表す変数 x_{ij}[*14] を導入する. これを用いると, 各顧客の需要がすべて満たされることを課す制約は, 次のように表される.

$$\sum_{j=1}^{n} x_{ij} = 1 \quad (i = 1, 2, \ldots, m).$$

ここで, 顧客 i の需要を施設 j が満たすためには, 施設 j が開設されていなければならない. 変数 $y_j = 0$ のときは, 施設 j が使えないので, すべての顧客 i に対して $x_{ij} = 0$ でなけれはならない. これを次の制約式として課す.

$$x_{ij} \leq y_j \quad (i = 1, 2, \ldots, m, j = 1, 2, \ldots, n).$$

この制約を課すことにより, $y_j = 0$ のときは, すべての i に対して $x_{ij} = 0$ となる. さらに, 開設する施設数を P までに制限するために, 次の制約を課す.

$$\sum_{j \in N} y_j \leq P.$$

目的関数は, 固定コストと需要を満たすためのコストの総和として次のように定める.

[*12] 建設コストや雇用費用など.

[*13] 例えば, 顧客である山田さんが必要とするサンドイッチの需要は 100 個である, など.

[*14] 例えば, $x_{ij} = 0.5$ は, 顧客 i が必要とするサンドイッチ 100 個のうち, 50 個を施設 j から運ぶことを表す.

$$最小化 \quad \sum_{i \in M} \sum_{j \in N} c_{ij} x_{ij} + \sum_{j \in N} f_j y_j.$$

2 つの定式化

これらをまとめると，施設配置問題は，下記の混合整数線形最適化問題として定式化される．

$$
\begin{aligned}
&最小化 \quad \sum_{i \in M} \sum_{j \in N} c_{ij} x_{ij} + \sum_{j \in N} f_j y_j \\
&制約 \quad \sum_{j=1}^{n} x_{ij} = 1 && (i \in M), \\
&\quad\quad\quad x_{ij} \leq y_j && (i \in M, j \in N), \\
&\quad\quad\quad \sum_{j \in N} y_j \leq P, \\
&\quad\quad\quad x_{ij} \geq 0 && (i \in M, j \in N), \\
&\quad\quad\quad y_j \in \{0, 1\} && (j \in N).
\end{aligned}
$$

さて，これらの制約式のうち，施設 j を開設するときのみ x_{ij} が正の値を取りうるという制約

$$x_{ij} \leq y_j \quad (i \in M, j \in N) \tag{4.32}$$

は，次の制約式に置き換えてもよい．

$$\sum_{i \in M} x_{ij} \leq m y_j \quad (j \in N). \tag{4.33}$$

制約式 (4.33) は，制約式 (4.32) のうち j に関するもの（$|M| = m$ 本ある）の和をとることで得られる．制約式の数としては，(4.32) は全部で $m \times n$ 本あるのに対して，(4.33) は全部で n 本なので，$1/m$ になっている．制約式 (4.32) を (4.33) で置き換えることで，次の整数線形最適化問題が得られる．

表 **4.3**　施設と顧客の距離

	1	2	3	4	5
A	42	45	52	125	92
B	58	38	34	131	142
C	123	85	98	28	42

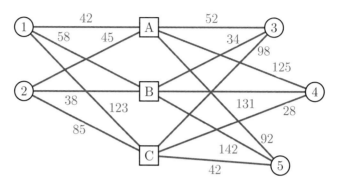

図 **4.2**　施設-顧客間のコスト c_{ij} の例

$$
\begin{array}{ll}
\text{最小化} & \displaystyle\sum_{i \in M} \sum_{j \in N} c_{ij} x_{ij} + \sum_{j \in N} f_j y_j \\
\text{制約} & \displaystyle\sum_{j=1}^{n} x_{ij} = 1 & (i \in M), \\
& \displaystyle\sum_{i \in M} x_{ij} \leq m y_j & (j \in N), \\
& \displaystyle\sum_{j \in N} y_j \leq P, \\
& x_{ij} \geq 0 & (i \in M, j \in N), \\
& y_j \in \{0, 1\} & (j \in N).
\end{array}
$$

2 つのどちらの定式化からでも正しい解を得ることができる．しかし，解を求めるための計算効率は異なる．実際，(4.32) を用いた定式化のほうが強い定式化になっており，(4.33) を用いた定式化に比べて計算効率が良い．

　では，この定式化を用いて施設配置問題を Pyomo で解くためのプログラムについて述べる．ここでは，施設-顧客間のコスト c_{ij} として，表 4.3 に示したものを用いる．これを図として示したのが，図 4.2 である．

　まず，施設の候補地を定める．施設の候補を 3 箇所 (A, B, C) とし，これをリストとして設定する．そして，顧客の集合を 5 箇所 (1, 2, 3, 4, 5) とし，これもリストとして設定する．

```
from pyomo.environ import *
floc = ConcreteModel(name = "FacilityLocation")
floc.N = ['A','B','C'] #施設
floc.M = [1,2,3,4,5] #顧客
floc.c = {(1,'A'):42, (1,'B'):58, (1,'C'):123, (2,'A
    '):45, (2,'B'):38, (2,'C'):85, (3,'A'):52, (3,'B'):34,
    (3,'C'):98, (4,'A'):125, (4,'B'):131, (4,'C'):28,
    (5,'A'):92, (5,'B'):142, (5,'C'):42}
floc.f = {'A':100,'B':80,'C':150}
floc.P = 2
```

次に，変数 x_{ij} と y_j を定義する．

```
floc.x = Var(floc.M,floc.N,bounds = (0,1))
floc.y = Var(floc.N,within = Binary)
```

次に，目的関数を定める関数 obj_rule を定義し，それを用いて目的関数を
設定する．

```
def obj_rule(model):
    return sum(model.c[m,n]*model.x[m,n] for m in model.M
        for n in model.N) + sum(model.f[n]*model.y[n] for
        n in model.N)
floc.obj = Objective(rule = obj_rule)
```

さらに，各顧客の需要がすべて満たされることを課す制約を追加する．

```
def satisfy_all_demand_rule(model,m):
    return sum(model.x[m,n] for n in model.N) == 1
floc.satisfy_all_demand = Constraint(floc.M,rule =
    satisfy_all_demand_rule)
```

また，施設 j が開設されるときのみ顧客 i は施設 j からサービスを受けられ
ることを課す制約を定める．

```
def only_by_facilities_used_rule(model,m,n):
    return model.x[m,n] <= model.y[n]
floc.only_by_facilities_used = Constraint(floc.M,floc.N,
    rule = only_by_facilities_used_rule)
```

さらに，開設できる施設数の上限を定める制約も追加する．

```
def num_facility_rule(model):
```

```
        return sum(model.y[n] for n in model.N) <= model.P
floc.num_facilitiy = Constraint(rule = num_facility_rule)
```

こうして定めた最適化問題をソルバとして GLPK を用いて解き[*15]，得られ
た最適解を表示する.

```
solver=SolverFactory('glpk')
result=solver.solve(floc)
result.write()
print("optimal solution")
for i in floc.M:
    for j in floc.N:
        if floc.x[i,j]()>1e-3:
            print(floc.x[i,j],floc.x[i,j]())
for j in floc.N:
    if floc.y[j]()>0.5:
            print(floc.y[j],floc.y[j]())
```

これを実行すると，次の結果が得られる.

```
# ==========================================================
# = Solver Results                                         =
# ==========================================================
# ----------------------------------------------------------
#    Problem Information
# ----------------------------------------------------------
Problem:
- Name: unknown
  Lower bound: 430.0
  Upper bound: 430.0
  Number of objectives: 1
  Number of constraints: 22
  Number of variables: 19
  Number of nonzeros: 49
  Sense: minimize
# ----------------------------------------------------------
#    Solver Information
# ----------------------------------------------------------
Solver:
- Status: ok
  Termination condition: optimal
  Statistics:
```

```
   Branch and bound:
      Number of bounded subproblems: 1
      Number of created subproblems: 1
  Error rc: 0
  Time: 0.056160926818847656
# ---------------------------------------------------------
#    Solution Information
# ---------------------------------------------------------
Solution:
- number of solutions: 0
  number of solutions displayed: 0
optimal solution
x[1,B] 1.0
x[2,B] 1.0
x[3,B] 1.0
x[4,C] 1.0
x[5,C] 1.0
y[B] 1.0
y[C] 1.0
```

Termination condition に optimal とあるので最適解が得られたことがわかり，最適値は 430 である．また，

```
  Statistics:
    Branch and bound:
      Number of bounded subproblems: 1
      Number of created subproblems: 1
```

と書かれていることから，分枝限定法の実行中に生成した部分問題の数は 1 であることがわかる．また，40-41 行目から，最適解では施設 B と C を開設することがわかり，さらに，35-39 行目から，顧客 1, 2, 3 は施設 B によって，顧客 4, 5 は施設 C によってすべての需要が満たされることがわかる．

ここまでで，強い定式化を用いて得られた結果を示した．次に，これよりも弱い定式化，すなわち，

$$x_{ij} \leq y_j \quad (i \in M, j \in N)$$

を

$$\sum_{i \in M} x_{ij} \leq m y_j \quad (j \in N)$$

に置き換えた問題を解くと，どういう結果が得られるかを確認する．これには，上に述べた Pyomo プログラムにおいて，制約式を表す箇所

```
def only_by_facilities_used_rule(model,m,n):
    return model.x[m,n] <= model.y[n]
floc.only_by_facilities_used = Constraint(floc.M,floc.N,
    rule = only_by_facilities_used_rule)
```

を，

```
def only_by_facilities_used_rule(model,n):
    return sum(model.x[m,n] for m in model.M) <= len(
        model.M)*model.y[n]
floc.only_by_facilities_used = Constraint(floc.N,rule =
    only_by_facilities_used_rule)
```

で置き換える．そうして得られるプログラムを実行することで，次の結果を得る．

```
# ==========================================================
# = Solver Results                                         =
# ==========================================================
# ----------------------------------------------------------
#    Problem Information
# ----------------------------------------------------------
Problem:
- Name: unknown
  Lower bound: 430.0
  Upper bound: 430.0
  Number of objectives: 1
  Number of constraints: 10
  Number of variables: 19
  Number of nonzeros: 37
  Sense: minimize
# ----------------------------------------------------------
#    Solver Information
# ----------------------------------------------------------
Solver:
- Status: ok
  Termination condition: optimal
  Statistics:
    Branch and bound:
      Number of bounded subproblems: 9
```

```
      Number of created subproblems: 9
  Error rc: 0
  Time: 0.01809215545654297
# --------------------------------------------------------
#    Solution Information
# --------------------------------------------------------
Solution:
- number of solutions: 0
  number of solutions displayed: 0
optimal solution
x[1,B] 1.0
x[2,B] 1.0
x[3,B] 1.0
x[4,C] 1.0
x[5,C] 1.0
y[B] 1.0
y[C] 1.0
```

これより，強い定式化を用いたときと同様に，最適値として 430 が得られる
ことがわかる．今度は，

```
  Statistics:
    Branch and bound:
      Number of bounded subproblems: 9
      Number of created subproblems: 9
```

とあることから，分枝限定法の実行中に生成した部分問題の数は 9 であるこ
とがわかる．強い定式化を解く際に生成された部分問題は 1 つだったことに
比べると，ずいぶんと多いことがわかる．

さらに，強い定式化の線形計画緩和は，その最適解が整数解となっており，
したがって，線形計画緩和の最適解自体がもとの施設配置問題の解になって
いる[16]．実際，Pyomo プログラムで変数を生成する箇所

```
floc.y = Var(floc.N,within=Binary)
```

を，

```
floc.y = Var(floc.N,bounds=(0,1))
```

と変更して解いても，変更前と同じ最適値が得られることがわかる．

その一方で，弱い定式化の線形計画緩和を解いてみると，最適値として 296
が得られることがわかる．また，最適解として得られるのは，

[16] 緩和問題の最適解が，
たまたまもとの問題の制
約式を満たすならば，そ
の解はもとの問題の最適
解でもある．

```
x[1,A]  1.0
x[2,B]  1.0
x[3,B]  1.0
x[4,C]  1.0
x[5,C]  1.0
y[B]  0.4
y[C]  0.4
```

であり，y[B] と y[C] の値は整数ではない．この最適値 296 は，もとの整数
最適化問題の最適値 430 と離れている．その隙間を埋めていく過程として，
分枝・限定操作を複数回繰り返す必要があったことがわかる．

4.4.3　Perspective を用いた定式化

整数線形最適化問題に対して，より強い定式化を導く方法は様々に研究さ
れてきた．最近では，整数非線形最適化問題に対しても，より強い定式化を
導く方法の研究が精力的に続けられている [7]．そのような手法の中でよく
用いられるものの 1 つに，**perspective** を用いたアプローチがある．これ
は，もとの最適化問題に現れる凸関数を，その perspective とよばれる関数を
用いて書き換えるものである [5]．ここで，凸関数 $c(x)$ の perspective とは，
$g(x,t) = tc(x/t)$ と定義される関数 $g(x,t)$ のことである．

(a)　定式化

次の 0-1 整数最適化問題を扱う．

$$\min_{(\boldsymbol{x},\boldsymbol{z}) \in \mathcal{F}} c(\boldsymbol{x},\boldsymbol{z}). \tag{4.34}$$

ただし，$\mathcal{F}$ は

$$\mathcal{F} = R \cap \left(\mathbb{R}_+^{n-p} \times \mathbb{B}^p \right)$$

で定義される．ここで，$\mathbb{B}$ は $\{0,1\}$ を表す．また，R は

$$R = \left\{ (\boldsymbol{x},\boldsymbol{z}) \in \mathbb{R}_+^{n-p} \times [0,1]^p \mid f_j(\boldsymbol{x},\boldsymbol{z}) \le 0 \ (j \in M) \right\}$$

と定義される．目的関数 $c(\boldsymbol{x},\boldsymbol{z})$ は n 次元変数 $(\boldsymbol{x},\boldsymbol{z})$ の関数である．変数の
n 個の要素のうち，p 個が 0-1 変数で，それらをまとめた部分ベクトルを $\boldsymbol{z}$
と表している．また，残りの $n-p$ 個の要素をまとめた部分ベクトルを $\boldsymbol{x}$ と

表している. R は, 不等式 $f_j(\boldsymbol{x}, \boldsymbol{z}) \leq 0$ を満たす $(\boldsymbol{x}, \boldsymbol{z})$ の集合である. ただし, $(\boldsymbol{x}, \boldsymbol{z}) \in \mathbb{R}^{n-p}_+ \times [0,1]^p$ である. この $z_i \in [0,1]$ を $z_i \in \{0,1\}$, つまり, z_i は 0 以上 1 以下ではなく, z_i は 0 か 1 かのみをとるように制限したものが $\mathcal{F}$ である. 逆にいうと, $\mathcal{F}$ の要素 $(\boldsymbol{x}, \boldsymbol{z})$ の部分ベクトル $\boldsymbol{z}$ の取りうる範囲を, $\{0,1\}^p$ から $[0,1]^p$ に緩和したものが, R である.

この R を, $\mathcal{F}$ の**連続緩和 (continuous relaxation)** とよぶことにする. そして, 最適化問題

$$\min_{(\boldsymbol{x}, \boldsymbol{z}) \in \mathcal{F}} c(\boldsymbol{x}, \boldsymbol{z})$$

の実行可能領域 $\mathcal{F}$ を R に置き換えた最適化問題

$$\min_{(\boldsymbol{x}, \boldsymbol{z}) \in R} c(\boldsymbol{x}, \boldsymbol{z})$$

は, 連続緩和問題である.

$\mathcal{F}$ の緩和には様々なものがありうる. 分枝限定法の過程で繰り返し解くことを考えると, 緩和は扱いやすい凸であるものがよい. 凸に限ったとしても, 様々なものがありうる. 凸な緩和の中では, $\mathcal{F}$ の凸包 $\mathrm{conv}(\mathcal{F})$ が最もよいものだといえる. というのは, $\mathcal{F}$ の連続緩和で凸なものは, すべて $\mathrm{conv}(\mathcal{F})$ を含んでおり, したがって $\mathrm{conv}(\mathcal{F})$ が $\mathcal{F}$ の連続緩和の中で最も小さいものだからである.

整数線形最適化問題の場合, すなわち, $c(\boldsymbol{x}, \boldsymbol{z}), f_j(\boldsymbol{x}, \boldsymbol{z})$ がすべて線形の場合は, $\mathrm{conv}(\mathcal{F})$ の不等式表現が得られれば (4.30) が線形最適化問題となる. この線形最適化問題を解くと, $\boldsymbol{z}$ が整数となる最適解が得られることがわかっている. したがって, 線形最適化問題を解くことで, もとの整数線形最適化問題の最適解が得られる.

もとの問題が非線形な場合は, $\mathrm{conv}(\mathcal{F})$ の不等式表現が得られたとしても, その最適解が整数条件を満たすとは限らない.

ここで, 最適化問題 (4.34) の目的関数を線形関数に変形する方法を述べる. 新しい変数 η を導入して, (4.34) を次のかたちに書き換える.

最小化 η
制約条件 $\eta \in \mathbb{R}$,
  $\eta \geq c(\boldsymbol{x}, \boldsymbol{z})$,
  $(\boldsymbol{x}, \boldsymbol{z}) \in \mathcal{F}$.

この定式化では，目的関数が線形関数となっている．

問題 (4.34) で表すことのできる最適化問題で，特に便利に用いられるのが，0-1 変数がほかの連続変数の「オン」と「オフ」を表しているものである．このような 0-1 変数を，**指示変数 (indicator variable)** とよぶ．いま，連続変数 $\boldsymbol{x} \in \mathbb{R}^n$ と $z \in \mathbb{B}$ に対して定められる集合

$$S := \{(\boldsymbol{x}, z) \in \mathbb{R}^n \times \mathbb{B} \mid \boldsymbol{x} = \boldsymbol{0} \ (z = 0 \ \text{のとき}), \boldsymbol{x} \in \Gamma \ (z = 1 \ \text{のとき})\}$$

の連続緩和を扱いたいとする．ただし，Γ は

$$\Gamma = \{\boldsymbol{x} \in \mathbb{R}^n \mid f_j(\boldsymbol{x}) \leq 0 \ (\forall j \in C), \boldsymbol{\ell} \leq \boldsymbol{x} \leq \boldsymbol{u}\}$$

で定められる有界な凸集合とする．

これは，0-1 変数 z が 0 のときは連続変数 $\boldsymbol{x}$ は「オフ」となり，1 のときは連続変数 $\boldsymbol{x}$ は「オン」となることを表している．具体的には，変数 $\boldsymbol{x}$ は，オフのときは $\boldsymbol{0}$ 以外の値はとれず，オンのときのみ $\boldsymbol{0}$ 以外の値をとることができる．

このような変数は，ある施設を使用するか否かというような意思決定を伴う問題で，よく現れる．その例としては，**発電機起動停止問題 (unit commitment problem)** が挙げられる [4]．この問題は，電力供給に関する問題であり，ある一定期間内での複数の発電機の発電出力を決定するものである．各発電機を，各時刻で「オン」状態にするか「オフ」状態にするかを決めると同時に，各時刻での発電量を決定する．オフ状態であれば，発電電力はゼロとする．オン状態であれば，あらかじめ決められた範囲内 $[\boldsymbol{\ell}, \boldsymbol{u}]$ での発電出力 $\boldsymbol{x}$ を決定する．

ここでは，$\boldsymbol{0}$ ではない最低出力 $\boldsymbol{\ell}$ が課されていることに注意する．つまり，オンにしたら一定以上の発電はしなければならない．計画期間は離散化されており，**各離散時刻 (discrete time)** での総発電電力が，各離散時刻での電力需要を満たす必要がある．この条件の中で，最も総コストの小さい発電計画を求めることが目的である．

この発電機起動停止問題の数理最適化問題としての具体的な定式化は，次のとおりである．発電機の集合を I，(離散) 時刻の集合を T とする．時刻 t に発電機 i をオンにする固定コストを h_{it}，時刻 t での電力需要を d_t，発電機 i の出力上下限をそれぞれ u_i, ℓ_i とする．さらに，時刻 t に発電機 i をオンにするとき 1 を，オフにするとき 0 をとる 0-1 変数を z_{it}，発電機 i の時刻 t における発電量を表す連続変数を x_{it} とする．

発電コストは通常は凸二次関数 $a_i x_{it}^2 + b_i x_{it}$ としてモデル化される．ここで，a_{it}, b_i は発電機 i の発電コストを定めるパラメータとする．これらを用いて，発電機起動停止問題は次の数理最適化問題として定式化することができる．

$$
\begin{aligned}
\text{最小化} \quad & \sum_{i \in I} \sum_{t \in T} h_{it} z_{it} + \sum_{i \in I} \sum_{t \in T} \left(a_i x_{it}^2 + b_i x_{it} \right) \\
\text{制約} \quad & \sum_{i \in I} x_{it} = d_t && (t \in T), \\
& \ell_i z_{it} \le x_{it} \le u_i z_{it} && (i \in I, t \in T), \\
& x_{it} \in \mathbb{R} && (i \in I, t \in T), \\
& z_{it} \in \{0, 1\} && (i \in I, t \in T).
\end{aligned}
$$

この定式化に，さらに $z \in P$ という制約を追加する場合もある．これは，発電機のオン/オフに関わる様々な条件，例えば，一旦オンにしたら一定期間はオンにし続ける，というような条件を表すものである．ここでは簡単のために，$z \in P$ は定式化には含めない．

さて，この定式化には，連続変数 x_{it} と，そのオン/オフを表す 0-1 変数 z_{it} が含まれている．そして，$z_{it} = 1$ のときのみ x_{it} は 0 以外の値をとることができる．

この定式化では，目的関数に非線形関数（二次関数）が含まれている．そこで，新しい変数 y_{it} を導入することで目的関数を線形にする．具体的には，次の数理最適化問題に書き換える．

$$
\begin{aligned}
\text{最小化} \quad & \sum_{i \in I} \sum_{t \in T} h_{it} z_{it} + \sum_{i \in I} \sum_{t \in T} \left(a_i y_{it} + b_i x_{it} \right) \\
\text{制約} \quad & \sum_{i \in I} x_{it} = d_t && (t \in T), \\
& \ell_i z_{it} \le x_{it} \le u_i z_{it} && (i \in I, t \in T), \\
& z_{it} \in \{0, 1\} && (i \in I, t \in T), \\
& y_{it} \ge x_{it}^2 && (t \in T, i \in I).
\end{aligned}
\tag{4.35}
$$

こうすると，目的関数は線形関数となり，制約条件には二次の制約式 $y_{it} \ge x_{it}^2$ が 1 種類含まれる．この制約式は，次のように二次錐制約として書き換えることができる．

$$y_{it} \ge x_{it}^2 \quad \Leftrightarrow \quad \begin{bmatrix} y_{it} + 1 \\ y_{it} - 1 \\ 2x_{it} \end{bmatrix} \succeq_{\mathbb{S}} \mathbf{0}.$$

したがって，この最適化問題は混合整数二次錐最適化問題となる．

　この定式化をそのままソルバに入力しても，解を求めることができる．しかし，perspective を用いたより強い定式化を用いることで，計算をより効率的にすることができる．

　定式化 (4.35) における制約

$$y_{it} \ge x_{it}^2$$

に注目する．$c(x_{it}) = x_{it}^2$ とすると，$g(x_{it}, z_{it}) = z_{it}c(x_{it}/z_{it})$ はその perspective である．x_{it} のオン/オフが，0-1 変数 z_{it} によって切り替えられているので，定式化の中の $c(x_{it})$ を $g(x_{it}, z_{it})$ で置き換えることにより，より強い定式化が得られる．そこで，数理最適化問題 (4.35) において，

$$y_{it} \ge c(x_{it}) = x_{it}^2$$

を

$$y_{it} \ge g(x_{it}, z_{it}) = z_{it}c\left(\frac{x_{it}}{z_{it}}\right) = z_{it}\left(\frac{x_{it}}{z_{it}}\right)^2$$

と置き換える．この式を整理して，

$$y_{it}z_{it} \ge x_{it}^2$$

を得る．

(b) PICOS によるモデル化と求解

　この定式化により，4 つの発電機 $I = \{0, 1, 2, 3\}$ と 5 つの離散時刻 $T = [0, 1, 2, 3, 4]$ からなる問題例を解く．まず，4 つの発電機と 5 つの離散時刻を表すリストを定める．

```
I=[0,1,2,3]
T=[0,1,2,3,4]
```

そして，問題例を定めるデータ $h_{it}, a_i, b_i, l_i, u_i, d_t$ として次のデータを定める．

```
h = [[10,20,30,40,50], [50,10,20,30,40],
```

```
    [40,50,10,20,30], [30,40,50,10,20]]
a = [0.00172,0.00194,0.00694,0.00523]
b = [7.9,9.5,8.2,5.6]
l = [250,200,150,180]
u = [600,400,500,450]
d = [800,750,1020,930,1000]
```

そして，各データを Constant() により PICOS の定数に変換する．

```
import picos as pic
h = pic.Constant("h", h)
a = pic.Constant("a", a)
b = pic.Constant("b", b)
l = pic.Constant("l", l)
u = pic.Constant("u", u)
d = pic.Constant("d", d)
```

次に，問題を生成する．

```
ucP = pic.Problem()
```

続いて，変数を生成する．用いる変数 z_{it}, x_{it}, y_{it} はいずれも $i \in I$ と $t \in T$ を添字とする．また，z_{it} は 0-1 変数であるので，BinaryVariable() によって生成する．まず，変数を表す辞書を，空の辞書として用意する．そして，I の各要素 i と T の各要素 t からなるタプル (i,t) をキー，3 つの変数 z_{it}, x_{it}, y_{it} を値として設定する．すなわち，i と t の各ペアについて BinaryVariable() または RealVariable() によって変数を生成する．1 番目の引数として，変数の名前を与える．2 番目の引数として，変数のサイズを表す 1 を与える．変数 z_{it}, x_{it}, y_{it} はそれぞれスカラー（ベクトルでも行列でもない 1 つの数）なので，1 を指定している．

```
z,x,y = {},{},{}
for (i,t) in [(i,t) for i in I for t in T]:
    z[(i,t)] = pic.BinaryVariable("z[{0}]".format((i, t
        )), 1)
    x[(i,t)] = pic.RealVariable("x[{0}]".format((i, t)),
        1)
    y[(i,t)] = pic.RealVariable("y[{0}]".format((i, t)),
        1)
```

こうして定めたデータと変数を用いて，目的関数を定める．

```
obj = pic.sum([h[i,t]*z[(i,t)] for i in I for t in T]) +
    pic.sum([a[i]*y[(i,t)] + b[i]*x[(i,t)] for i in I for
    t in T])
ucP.set_objective('min',obj)
```

これで目的関数が設定できた.

　次に, 制約条件を定める. まずは, 制約式を表す辞書を空の辞書として用意する. 最初に, 線形制約式を定める. 具体的には, 各 $t \in T$ に対する制約式

$$\sum_{i \in I} x_{it} = d_t$$

と, $i \in I$ と $t \in T$ の各ペアに対する制約式

$$\ell_i z_{it} \leq x_{it} \leq u_i z_{it}$$

を定める. この際, $\ell_i z_{it} \leq x_{it} \leq u_i z_{it}$ は, 左側の不等式 $\ell_i z_{it} \leq x_{it}$ と右側の不等式 $x_{it} \leq u_i z_{it}$ の 2 つに分けて定めることに注意する[17].

```
constraints = []
for t in T:
    constraints.append(ucP.add_constraint(pic.sum([x[(i,t
        )] for i in I]) == d[t]))
for (i,t) in [(i,t) for i in I for t in T]:
    constraints.append(ucP.add_constraint(l[i]*z[(i,t)]
        <= x[(i,t)]))
    constraints.append(ucP.add_constraint(x[(i,t)] <= u[i
        ]*z[(i,t)]))
```

最後に, 二次錐制約を定める.

```
for (i,t) in [(i,t) for i in I for t in T]:
    constraints.append(ucP.add_constraint(y[(i,t)] >= x[(
        i,t)]**2))
```

これで, 最適化問題 (4.35) を PICOS を用いて表すことができた. こうして定義した問題 ucP に対して print(ucP) を実行した結果として, 次のような表示が得られる. ただし, 一部を省略した.

```
--------------------------------------------------
Mixed-Integer Quadratically Constrained Program
  minimize sum(h[i,j]*z[(i, j)] : (i,j) in zip
    ([0,0,..,3,3],[0,1,..,3,4]))
```

```
    + sum(a[i]*y[(i, j)] + b[i]*x[(i, j)] : (i,j) in
      zip
    ([0,0,..,3,3],[0,1,..,3,4]))
over
  1x1 binary variable z[(i, j)] f.a. (i,j) in
    zip([0,0,..,3,3],[0,1,..,3,4])
  1x1 real variable x[(0, 0)], x[(0, 1)], x[(0, 2)], x
    [(0, 3)],
(以下省略)
```

これより，混合整数二次制約問題 (MIQCP) が生成されたことがわかる．実際には，この表示に続いて目的関数や制約式が表示される．

　この混合整数二次制約問題を解くには，ucP.solve() を実行すればよい．すると，PICOS はこの問題を混合整数二次錐最適化問題 (MISOCP) に変換し，ソルバとして ECOS[4] を用いて最適解を求める [3]．ucP.solve() の結果は solution として記録しておく．

```
ucP.options.verbosity = 1
solution = ucP.solve()
```

最適解を求めるアルゴリズムを実行した結果として得られる状態が，solution.claimedStatus でわかる．また，solution.searchTime により実行時間，solution.primals により主問題の最適解，solution.duals により双対問題の最適解，ucP.value により最適値を知ることができる．次の命令を実行すると，最適解が得られており，実行時間は 1.02 秒，最適値は 37516.4 であることがわかる．

```
print("status:", solution.claimedStatus)
print("running time:", solution.searchTime)
print("optimal value:", ucP.value)
```

```
status: optimal
running time: 1.0200293064117432
optimal value: 37516.35861399532
```

　さて，solution.info["ecos_sol"] は辞書となっており，ソルバ ECOS による求解の様子が記録されている．この辞書のキーを表示するには次の命令を実行する．

---

[4] https://github.com/embotech/ecos

```
print(solution.info["ecos_sol"].keys())
```

```
dict_keys(['x', 'y', 'z', 's', 'info'])
```

これより，キーは

$$'x', \ 'y', \ 'z', \ 's', \ 'info'$$

であることがわかる．このうち，solution.info["ecos_sol"]["info"] には，"mi_iter"をキーとする値が記録されている．これは，分枝限定法を実行した際の反復回数を示している．次の命令

```
print(solution.info["ecos_sol"]["info"]["mi_iter"])
```

を実行すると，

```
45
```

となり，反復回数が 45 回であることがわかる．

さて，この定式化で用いた $y_{it} \geq x_{it}^2$ を，$y_{it} z_{it} \geq x_{it}^2$ で置き換える．これにより，perspective を用いたより強い定式化に変更できる．プログラムにおいては

```
for (i,t) in [(i,t) for i in I for t in T]:
    constraints.append(ucP.add_constraint(y[(i,t)] >= x[(
        i,t)]**2))
```

を

```
for (i,t) in [(i,t) for i in I for t in T]:
    constraints.append(ucP.add_constraint(y[(i,t)]*z[(i,t
        )] >= x[(i,t)]**2))
```

で置き換えればよい．この置き換えによってより強い定式化が得られるので，分枝限定法の反復回数は小さくなることが期待される．そこで，このモデルを用いたときの，分枝限定法の反復回数を確認する．

```
solution = ucP.solve()
print(solution.info["ecos_sol"]["info"]["mi_iter"])
```

こうすると，反復回数が 15 回であることがわかる．もとの定式化では 45 回であった反復回数が，perspective を用いた再定式化により，15 回に減って

いる. `solution.searchTime` で得られる計算時間も, 0.18秒から0.07秒に減っている. より大きなサイズの問題であれば, この計算時間の減少はより大きくなると期待される.

ここで行ったことは, 不等式 $y_{it} \geq x_{it}^2$ の左辺に z_{it} を掛けることだけである. このように, 理論的成果を定式化に反映することで, 計算効率を大きく改善できることはよくあることである[18]. モデリング言語を用いると, 数式の変更に伴う実装の変更は軽微なもので済むにもかかわらず, 期待できる効果は大きい. 論文などで最新の理論的成果をフォローし, モデリングに積極的に取り入れることを勧める.

[18] `*z[(i,t)]` とタイプすることにかかる工数は, $(1/20) \times (1/8) \times (1/60) \times (5/60)$ 人月くらいだろう. システムエンジニアの相場でいうと, このための人件費はせいぜい10円くらいだろうか. しかし, `*z[(i,t)]` とタイプすることの意義を認識するためにかけられた時間は, 膨大である (数千時間?数年?). さて, この工数の本当の価値は一体いくらだろう. 10円ですむだろうか. いや, すむはずがない.

第5章
解こうとする対象による分類

5.1 集合分割問題の解き方

集合分割問題は，ある集合をその部分集合に分割する問題である．例えば，10個の要素からなる集合があるとし，その要素に1から10まで番号（名前）をつける．この集合は，2つの部分集合 $\{1,2,3,4,5,6\}$, $\{7,8,9,10\}$ にも，3つの部分集合 $\{1,2,5\}$, $\{3,4,7,8\}$, $\{6,9,10\}$ にも分割できる．それ以外にも多数の分割の仕方がある．いま，集合と，その部分集合の族が与えられたとする．さらに，部分集合のコストがそれぞれ与えられたとする．集合の各要素がちょうど1つの部分集合に含まれるような部分集合の選び方で，コストの総和が最小になるものを見つけるのが集合分割問題である．

ここでは，集合分割問題をPuLPで表現し，解く方法を述べる．

5.1.1 0-1 整数線形最適化問題としての定式化

分割する集合を S ，採用候補とする部分集合の族を N とする．そして，S の要素数を m ，N の要素数を n と表す．ここでは例として，$S = \{A, B, C\}$, $N = \{\{A\}, \{B\}, \{C\}, \{A, B\}, \{A, C\}, \{B, C\}\}$ を用いる．

また，部分集合 $j \in N$ を採用するコストを c_j と表す．コスト c_j の値は，表2.1のものを用いる．部分集合 $j \in N$ を採用するとき1，それ以外のとき0をとる0-1変数を x_j とすると，集合分割問題の目的関数は，次の和で定義される．

$$\sum_{j \in N} c_j x_j.$$

整数線形最適化問題での制約条件は，$Ax = b$ と書かれるのであった．こ

こで，$A \in \mathbb{R}^{m \times n}$, $\boldsymbol{x} \in \mathbb{R}^n$, $\boldsymbol{b} \in \mathbb{R}^m$ である．行列 A の第 i 行を，$\boldsymbol{a}_i = \begin{bmatrix} a_{i1} & a_{i2} & \cdots & a_{in} \end{bmatrix}$ と表すことにする．集合 S の各要素が，採用される部分集合のいずれかにちょうど 1 回含まれる条件を，式 $A\boldsymbol{x} = \boldsymbol{b}$ で表したい．行列 A の行 i を集合 S の要素 $i \in S$ に対応させ，A の列 j を N の部分集合 $j \in N$ に対応させる．こうして，ベクトル $\boldsymbol{a}_i$ $(i \in S)$ により，要素 i が含まれる部分集合を表すことにする．具体的には，要素 i が部分集合 j に含まれるとき $a_{ij} = 1$，それ以外のとき $a_{ij} = 0$ と定める．これらの記法を用いると，集合分割問題は，次の 0-1 整数最適化問題として定式化できる．

$$
\begin{array}{ll}
\text{最小化} & \displaystyle\sum_{j \in N} c_j x_j \\
\text{条件} & \displaystyle\sum_{j \in N} a_{ij} x_j = 1 \quad (i \in S), \\
& x_j \in \{0, 1\} \qquad (j \in N).
\end{array}
$$

例の問題に対して定められる行列 A は，次のとおりである．

$$
\begin{array}{c}
 \quad \{A\} \quad \{B\} \quad \{C\} \quad \{A,B\} \quad \{A,C\} \quad \{B,C\} \\
\begin{array}{c} A \\ B \\ C \end{array}
\begin{bmatrix}
1 & 0 & 0 & 1 & 1 & 0 \\
0 & 1 & 0 & 1 & 0 & 1 \\
0 & 0 & 1 & 0 & 1 & 1
\end{bmatrix}
\end{array}
$$

こうして，集合 $\{A, B, C\}$ を部分集合に分割する集合分割問題は，次の整数線形最適化問題として定式化できる：

$$
\begin{array}{llllllll}
\text{最大化} & 7x_A & + \; 8x_B & + \; 8x_C & + \; 6x_{A,B} & + \; 5x_{A,C} & + \; 4x_{B,C} \\
\text{条件} & x_A & & & + \; x_{A,B} & + \; x_{A,C} & & = 1, \\
& & x_B & & + \; x_{A,B} & & + \; x_{B,C} & = 1, \\
& & & x_C & & + \; x_{A,C} & + \; x_{B,C} & = 1, \\
& \multicolumn{6}{l}{x_A, x_B, x_C, x_{A,B}, x_{A,C}, x_{B,C} \in \{0, 1\}.}
\end{array}
$$

5.1.2 PuLP によるモデル化

この問題例を，PuLP を用いてモデル化し，解く方法を述べる．

(a)　方法 1：制約式を直に書く方法

まず，制約式を直に書く方法を述べる．$S = \{A, B, C\}$ であるから，制約式は各要素に対して 1 つずつ，あわせて 3 つである．PuLP では，制約式を等

式および不等式のかたちで直に書くことができる．この機能を用いてモデル
化したプログラムは，次のとおりである．

```python
from pulp import *
setpartition = LpProblem("Set_Partitioning",LpMinimize)
N = ["A","B","C","AB","AC","BC"]
x = LpVariable.dicts('x',N,None,None,LpBinary)
c = {"A":7,"B":8,"C":8,"AB":6,"AC":5,"BC":4}
setpartition += lpSum([c[i]*x[i] for i in N])
setpartition += x["A"] + x["AB"] + x["AC"] == 1
setpartition += x["B"] + x["AB"] + x["BC"] == 1
setpartition += x["C"] + x["AC"] + x["BC"] == 1
status = setpartition.solve()

print("status:", LpStatus[setpartition.status])
print("optimal value:",value(setpartition.objective))
print("optimal solution:")
for i in x:
    if value(x[i])>0.5:
        print(i,value(x[i]))
```

このプログラムでは，まず

```python
setpartition = LpProblem("Set_Partitioning",LpMinimize)
```

で問題を生成する．次に，`LpVariable.dicts()` を用いて変数を生成する．
`LpVariable.dicts()` には，5 つの引数を与えている．最初の引数は，変数
の名前の先頭につける文字列を指定する．2 番目の引数として，リストを与
える．このリストの各要素に対して，1 つずつ変数が定義される．3 番目と
4 番目の引数は，それぞれ下限と上限を指定する．5 番目の引数は，生成す
る変数の種類である．ここでは，0-1 変数を表す `LpBinary` を指定している．
`LpVariable.dicts()` は，生成した変数を表す辞書を返す．この辞書のキー
は，2 番目の引数として指定したリストの要素であり，値はその要素に対し
て生成した変数である．したがって，例えば `x["A"]` とすると，"A" に対して
定義された変数にアクセスできる．また，["A","B","C","AB","AC","BC"]
の各要素に対するコスト c も，辞書として定めている．その後，目的関数を
設定し，さらに 3 つの制約式を直接数式を書くことで設定している．このプ
ログラムを実行すると，

```
status: Optimal
```

```
optimal value: 11.0
optimal solution:
A 1.0
BC 1.0
```

となり，最適解が $x_A = x_{BC} = 1$ であることがわかる．そして，そのときの最適値は 11 である．

(b) 方法 2 ：条件文を用いて制約式を設定する方法

次に，問題そのものの状況をよりよく表すように問題を記述する方法を述べる．まず，集合 S をタプルとして定義する．

```
S = ('A','B','C')
```

*1 ここで，要素数が 1 の
タプルは，('A') ではな
く ('A',) と定義するこ
とに注意する．

次に，部分集合の族を，タプル candidate_sets として定義する[*1]．

```
candidate_sets = (('A',),('B',),('C',),('A','B'),('A','C
    '),('B','C'))
```

次に，各部分集合のコスト costs を表す辞書を次のように定義する．

```
costs = {('A',):7,('B',):8,('C',):8,('A','B'):6,('A','C
    '):5,('B','C'):4}
```

そして，採用候補である candidate_sets の各要素に対して 0-1 変数を定義する．

```
x = LpVariable.dicts('x',list(candidate_sets),None,None,
    LpBinary)
```

これらは 0-1 変数であるので，最後の引数で LpBinary を指定している．
ここまで準備ができたら，まず最小化問題 setpartition2 を定義する．

```
setpartition2 = LpProblem("Set_Partitioning_2",LpMinimize
    )
```

目的関数は，candidate_sets の各要素 p に対して，コスト costs[p] と変数 x[p] を掛けたものを足せばよい．

```
setpartition2 += lpSum([costs[p] * x[p] for p in
    candidate_sets])
```

次に制約式を設定する．前のモデルでは，要素 A が，採用される部分集合の
ちょうど1つに含まれるための制約式として，`x["A"] + x["AB"] + x["AC"]`
`== 1`と，変数の添字 A, AB, AC を直に指定していた．ここで，添字 A, AB,
AC は，要素 A を含む部分集合であることに注目する．すると，この添字 A,
AB, AC 自体も計算で求めてしまえば楽で間違いが少ないことがわかる．そ
こで，これを実現することにする．

　要素 i に対する制約式を定義するには，i を含む `candidate_sets` の要素
を抜き出す必要がある．これには，内包表記を用いればよい．まず，次の命
令を実行すると，`candidate_sets` の要素を並べたリストが得られることに
注目する．

```
[p for p in candidate_sets]
```

このリストを `print()` で画面に表示すると，次のようになる．

```
[('A',), ('B',), ('C',), ('A', 'B'), ('A', 'C'), ('B', 'C
    ')]
```

ここで，`if` 文によって条件をつけると，`candidate_sets` の要素の中で，条
件を満たすものだけからなるリストを得ることができる．いまは，要素 i を
含むものだけを取り出したいのだから，それを `if` 文の条件として課せばよ
い．例えば，A を含む要素だけを取り出すには，次のようにする．

```
i = 'A'
[p for p in candidate_sets if i in p]
```

このリストを `print()` で画面に表示すると，次のようになる．

```
[('A',), ('A', 'B'), ('A', 'C')]
```

ここで，`i in p`という節は，i が p に含まれるとき `True`，含まれないとき
`False` となる．この内包表記を用いると，制約式は次のように書くことがで
きる：

```
for i in S:
    setpartition2 += lpSum([x[p] for p in candidate_sets
        if i in p]) == 1, "Must_Assign_%s"%i
```

これは，`candidate_sets` の要素から i を含むもの p だけをとりだし，それ
らに対応する変数 `x[p]` の和が1であることを課す制約になっている．なお，
制約式を定義した後に，コンマで区切って文字列を指定することにより，制

約式に名前をつけることができる．ここでは，`Must_Assign_`[要素を表す文字列] とした．

これで，集合分割問題を定義することができた．`print(setpartition2)` で問題を表示すると，次のようになる．

```
Set Partitioning 2:
MINIMIZE
7*x_('A',) + 6*x_('A',_'B') + 5*x_('A',_'C') + 8*x_('B',)
    + 4*x_('B',_'C') + 8*x_('C',) + 0
SUBJECT TO
Must_Assign_A: x_('A',) + x_('A',_'B') + x_('A',_'C') = 1

Must_Assign_B: x_('A',_'B') + x_('B',) + x_('B',_'C') = 1

Must_Assign_C: x_('A',_'C') + x_('B',_'C') + x_('C',) = 1

VARIABLES
0 <= x_('A',) <= 1 Integer
0 <= x_('A',_'B') <= 1 Integer
0 <= x_('A',_'C') <= 1 Integer
0 <= x_('B',) <= 1 Integer
0 <= x_('B',_'C') <= 1 Integer
0 <= x_('C',) <= 1 Integer
```

こうして定義した集合分割問題を，`solve()` によって解く．

```
status=setpartition2.solve()
print("status:",LpStatus[status])
```

```
status: Optimal
```

実行結果より，最適解が得られたことがわかる．最適解を表示すると，前のモデルと同じ解が得られていることがわかる．

```
for p in candidate_sets:
    if x[p].value()>0.5:
        print(p,x[p].value())
```

```
('A',) 1.0
('B', 'C') 1.0
```

ここで述べた手順をまとめると，集合分割問題モデル化の方法2は，次のプ

ログラムで実行できる.

```
from pulp import *
S = ('A','B','C')
candidate_sets = (('A',),('B',),('C',),('A','B'),('A','C
    '),('B','C'))
costs = {('A',):7,('B',):8,('C',):8,('A','B'):6,('A','C
    '):5,('B','C'):4}
x = LpVariable.dicts('x',list(candidate_sets),None,None,
    LpBinary)
setpartition2 = LpProblem("Set_Partitioning_2",LpMinimize
    )
setpartition2 += lpSum([costs[p] * x[p] for p in
    candidate_sets])
for i in S:
    setpartition2 += lpSum([x[p] for p in candidate_sets
        if i in p]) == 1,"Must_Assign_%s"%i
print(setpartition2)
status = setpartition2.solve()
print("status:",LpStatus[status])
for p in candidate_sets:
    if x[p].value() > 0.5:
        print(p,x[p].value())
```

これより,方法1と同じ最適値と最適解が得られたことがわかる.

(c) 方法3:行列とベクトルを指定する方法

もう1つの方法として,整数線形最適化問題を定める行列 A とベクトル b, c を指定する方法がある.これには,PICOS を用いるとよい.行列とベクトルを定義するために CVXOPT の提供する matrix() も用いる.CVXOPT は,cvx という名前でインポートするとする.

```
import cvxopt as cvx
import picos as pic
```

まず,行列 A,b,c を定める.

```
c = pic.Constant("c",[7,8,8,6,5,4])
b = [1,1,1]
A = pic.Constant("A",cvx.matrix
    ([[1,0,0],[0,1,0],[0,0,1],[1,1,0],[1,0,1],[0,1,1]]))
```

A は，cvx.matrix() を用いて定める．そのために，行列 A の各列をリスト（例：第 1 列は [1,0,0]）とみる．行列 A は 6 列からなるので，6 つのリストが要る．そして，これらのリストを要素とする 1 つのリスト（リストのリスト）を，cvx.matrix() の引数として与える．

これら A, b, c を用いて集合分割問題を定義するプログラムは，次のとおりである．

```
prob = pic.Problem()
x = pic.BinaryVariable("x", len(c))
objective = c|x
prob.set_objective('min',objective)
prob.add_constraint(A*x == b)
solution = prob.solve()
print("status:", solution.claimedStatus)
print("optimal value:", round(prob.value, 1))
print("optimal solution")
print("x:")
print(x.value)
```

変数の定義には，BinaryVariable() を用いる．2 番目の引数 len(c) は，生成する変数ベクトルの次元である．目的関数は，定数ベクトル c と変数ベクトル x の内積とみなし，objective = c|x と定める．そして，制約式として A*x == b を設定する．このプログラムを実行すると，次のような出力が得られる．

```
status: optimal
optimal value: 11.0
optimal solution
x:
[ 1.00e+00]
[-8.41e-12]
[ 2.02e-11]
[ 3.52e-11]
[ 6.40e-12]
[ 1.00e+00]
```

これより，方法 1，2 と同じ最適値と最適解が得られたことがわかる．

5.2　ナップサック問題の解き方

　ここでは，0-1 ナップサック問題と整数ナップサック問題を，Python を用いて解く方法を述べる．

5.2.1　0-1 整数線形最適化問題としての定式化

　まず，0-1 ナップサック問題を扱う．ナップサック問題は，複数のアイテムの中からナップサックに入れるものを選ぶ問題を扱う．アイテムには重量があり，ナップサックに入れるアイテムの重量の合計がナップサックの重量制限を超えてはいけない．0-1 ナップサック問題では，1 種類のアイテムは最大で 1 つしか入れることができない．この問題は，次の 0-1 整数線形最適化問題として表すことができる．

$$\begin{array}{ll} \text{最大化} & \sum_{i=1}^{n} v_i x_i \\ \text{制約} & \sum_{i=1}^{n} w_i x_i \leq W, \\ & x_i \in \{0,1\} \qquad (i=1,2,\ldots,n). \end{array}$$

ここで，0-1 ナップサック問題の例を示す．5 つのアイテムがあり，それぞれの重さと価値は，表 5.1 のように与えられているとする．また，重さ制限が 9

表 5.1　0-1 ナップサック問題の例

アイテム	1	2	3	4	5
重さ	4	2	2	6	2
価値	20	3	6	25	80

とする．この問題例は，次のように定式化できる．

$$\begin{array}{ll} \text{最大化} & 20x_1 + 3x_2 + 6x_3 + 25x_4 + 80x_5 \\ \text{制約} & 4x_1 + 2x_2 + 2x_3 + 6x_4 + 2x_5 \leq 9, \\ & x_1, x_2, x_3, x_4, x_5 \in \{0,1\}. \end{array}$$

PuLP によるモデル化

　これは，整数線形最適化問題であるので，PuLP によって直接定式化して解くことができる．このためのプログラムは，次のとおりである．

```
from pulp import *
items = (1,2,3,4,5)
weight = {1:4,2:2,3:2,4:6,5:2}
benefit = {1:20,2:3,3:6,4:25,5:80}
kp = LpProblem("0-1_Knapsack_problem",LpMaximize)
x = LpVariable.dicts('x',list(items),None,None,LpBinary)
kp += lpSum([benefit[i]*x[i] for i in items])
kp += lpSum([weight[i]*x[i] for i in items]) <= 9
status = kp.solve()
print("status:", LpStatus[status])
print("optimal solution:")
for i in items:
    if x[i].value()>0.5:
        print(x[i].name,x[i].value())
```

```
status: Optimal
optimal solution:
x_1 1.0
x_3 1.0
x_5 1.0
```

出力結果より，アイテム 1, 3, 5 を選ぶことが最適であることがわかる．

5.2.2 分枝限定法

0-1 ナップサック問題を解くには分枝限定法を使うことができる．分枝限定法は，ナップサック問題に限らず様々な最適化問題に適用できる解法の考え方である．次の最適化問題を解きたいとする．

$$
\begin{array}{ll}
\text{最大化} & f(x) \\
\text{条件} & x \in S.
\end{array}
\tag{5.1}
$$

ここで，S は実行可能解全体からなる集合とする．この S を，$S = S_1 \cup S_2 \cup \ldots \cup S_k$ と分割する（ただし，$S_i \cap S_j = \emptyset$）．こうすると，問題 (5.1) の最適解は，$i = 1, 2, \ldots, k$ に対する部分問題

$$
\begin{array}{ll}
\text{最大化} & f(x) \\
\text{条件} & x \in S_i
\end{array}
\tag{5.2}
$$

の最適解のいずれかになっている．したがって，k 個の部分問題 (5.2) を解くことによって (5.1) の最適解を得ることができる．そこで，k 個の部分問題の

最適解の中から，もとの問題の最適解を効率的に見つけ出す方法を実行する．それが分枝限定法の考え方である．分枝限定法では，部分問題を生成する**分枝操作 (branching operation)** と，部分問題がもとの問題の最適解を含むかどうかを判定する**限定操作 (bounding operation)** を実行する．

ここでは，次の例を用いて分枝限定法の考え方を示す．

$$
\begin{array}{llllllllll}
\text{最大化} & 24x_1 & + & 17x_2 & + & 12x_3 & + & 6x_4 & & \\
\text{制約} & 10x_1 & + & 8x_2 & + & 6x_3 & + & 5x_4 & \leq & 15, \quad\quad (5.3)\\
& x_1, x_2, x_3, x_4 \in \{0,1\}. & & & & & & & &
\end{array}
$$

分枝限定法では，分枝操作によって次々と部分問題を生成する．そして，生成した部分問題を実際に解く必要があるか否かをチェックする．解く必要のない部分問題が見つかったら，その部分問題はもう分枝しない．これを限定操作という．ある部分問題を解く必要があるか否かをチェックするのに，**暫定解 (incumbent)** と緩和問題を利用する．緩和問題は，もとの最適化問題よりも簡単に解けることが重要である．

暫定解とは，計算開始からそれまでに見つかった最良の実行可能解のことである．実行可能解とは，制約式を満たす x_1, x_2, x_3, x_4 の値の組合せである．例えば，$(x_1, x_2, x_3, x_4) = (0,0,1,1)$ は実行可能解である．また，緩和問題とは，もとの数理最適化問題の制約条件の一部を緩和して得られる問題である．制約条件の一部を緩めているわけだから，もとの数理最適化問題よりも良い目的関数値をもつ解が得られる可能性がある．0-1 ナップサック問題で使う緩和問題は，制約条件 $x_i \in \{0,1\}$ を $0 \leq x_i \leq 1$ に緩和した問題である．もとの 0-1 ナップサック問題では変数 x_i が 0 か 1 しか取れなかったのだから，制約条件が緩くなっているわけである．$x_i \in \{0,1\}$ を $0 \leq x_i \leq 1$ に緩和した問題を，連続 0-1 ナップサック問題とよぶことにする．連続 0-1 ナップサック問題は，**貪欲解法 (greedy algorithm)** で最適解を求めることができるが，ここでは実装のわかりやすさのために，連続 0-1 ナップサック問題を線形最適化問題として定式化し，ソルバで解くことにする[*2]．

*2 貪欲解法で効率的に解くこともできる．

では，この問題例に対して分枝限定法を適用する．ここで，もとの問題 (5.3) を (KP) と表すことにする．そして，(KP) の中で変数を固定した問題を (KP, I_o, I_z) と表すことにする．ただし，I_o は 1 に固定する変数の集合を，I_z は 0 に固定する変数の集合を表す．例えば，$(\text{KP}, \{x_1\}, \{x_2\})$ は，変数 x_1 を 1 に固定し，x_2 を 0 に固定した問題，すなわち

$$\begin{array}{lrrrrrr}
最大化 & 24x_1 & + & 17x_2 & + & 12x_3 & + & 6x_4 \\
制約 & 10x_1 & + & 8x_2 & + & 6x_3 & + & 5x_4 & \leq & 15, \\
& x_3, x_4 \in \{0,1\}, \\
& x_1 = 1, x_2 = 0.
\end{array}$$

を表す．1 に固定する変数がない場合は $I_\circ = \emptyset$, 0 に固定する変数がない場合は $I_z = \emptyset$ とする．例えば，$(\mathrm{KP}, \{x_3\}, \emptyset)$ は，変数 x_3 を 1 に固定した問題を表す．

Pyomo によるモデル化と求解

ここでは，Pyomo による分枝限定法の実行の様子を述べる．分枝限定法における分枝と限定の様子を示した分枝木を，図 5.1 に示したので，適宜参照するとよい．

さて，分枝限定法では，まず問題 (5.3) の線形計画緩和を解く．この線形計画緩和を Pyomo によって解くためのプログラムは次のとおりである．

```
from pyomo.environ import *
v = {1:24, 2:17, 3:12, 4:6}
w = {1:10, 2:8, 3:6, 4:5}
W = 15
items = list(v.keys())
kp = ConcreteModel()
kp.x = Var(items,within = NonNegativeReals,bounds =
    (0,1))
kp.obj = Objective(expr = sum(v[i]*kp.x[i] for i in items
    ),sense = maximize)
kp.con = Constraint(expr = sum(w[i]*kp.x[i] for i in
    items ) <= W)
solver = SolverFactory('cbc')
result = solver.solve(kp)
print(result['Solver'])
print("optimal value:",value(kp.obj))
print("optimal solution:")
for i in kp.x:
    print(kp.x[i],kp.x[i]())
```

この実行結果は次のようになり，最適解 $(x_1, x_2, x_3, x_4) = (1, 0.625, 0, 0)$ で最適値 34.625 をとることがわかる．

```
- Status: ok
```

```
User time: -1.0
System time: 0.0
Wallclock time: 0.0
Termination condition: optimal
Termination message: Model was solved to optimality (
    subject to tolerances), and an optimal solution is
    available.
Statistics:
  Branch and bound:
    Number of bounded subproblems: None
    Number of created subproblems: None
  Black box:
    Number of iterations: 1
  Error rc: 0
  Time: 0.028060197830200195

optimal value: 34.625
optimal solution:
x[1]  1.0
x[2]  0.625
x[3]  0.0
x[4]  0.0
```

これは，もとの 0-1 ナップサック問題 (5.3) の最適値は 34.625 以下であることを示している．また，この緩和問題の最適解から，もとの問題 (5.3) の実行可能解を得ることもできる．具体的には，小数 0.625 をとっている x_2 を 0 にすればよい．ナップサックの中身を減らしているので，制約式は必ず満たされる．こうして得られる解は，必ず制約式を満たすからである．これにより，実行可能解 $(x_1, x_2, x_3, x_4) = (1, 0, 0, 0)$ を得る．そのときの目的関数値は 24 である．この段階では，これが暫定解である．

　さて，この緩和問題の最適解 $(1, 0.625, 0, 0)$ は小数を含むので，もとの問題 (5.3) の実行可能解ではない．そこで，小数をとっている変数 x_2 の値によって分枝する．すなわち，変数 x_2 を 1 に固定した部分問題 (KP,$\{x_2\}$,$\emptyset$) と，0 に固定した部分問題 (KP,$\emptyset$,$\{x_2\}$) を生成する．もとの問題 (5.3) の最適解は，(KP,$\{x_2\}$,$\emptyset$) の最適解と (KP,$\emptyset$,$\{x_2\}$) の最適解のいずれかであることに注意する．

　まず，得られた部分問題のうち，(KP,$\{x_2\}$,$\emptyset$) の緩和問題を解くことにする．このためには，変数 x_2 を 1 に固定した上で再度線形最適化問題を解けば

よい.

```
kp.x[2].fix(1)
result = solver.solve(kp)
print(result['Solver'])
print("optimal value:",value(kp.obj))
print("optimal solution:")
for i in kp.x:
    print(kp.x[i],kp.x[i]())
```

```
- Status: ok
  User time: -1.0
  System time: 0.0
  Wallclock time: 0.0
  Termination condition: optimal
  Termination message: Model was solved to optimality (
      subject to tolerances), and an optimal solution is
      available.
  Statistics:
    Branch and bound:
      Number of bounded subproblems: None
      Number of created subproblems: None
    Black box:
      Number of iterations: 1
  Error rc: 0
  Time: 0.026824951171875

optimal value: 33.8
optimal solution:
x[1] 0.7
x[2] 1
x[3] 0.0
x[4] 0.0
```

これより, 最適解 $(x_1, x_2, x_3, x_4) = (0.7, 1, 0, 0)$ と最適値 33.8 が得られる. これは, 部分問題 $(KP, \{x_2\}, \emptyset)$ の最適値は 33.8 以下であることを表している. また, この最適解で小数をとる x_1 を 0 にすることで, $(KP, \{x_2\}, \emptyset)$ の実行可能解 $(x_1, x_2, x_3, x_4) = (0, 1, 0, 0)$ を得ることができる. このときの目的関数値は 17 であるので, $(KP, \{x_2\}, \emptyset)$ の最適値は 17 以上 33.8 以下であることがわかる. この段階での暫定解は, 前に得られた $(x_1, x_2, x_3, x_4) = (1, 0, 0, 0)$ である（目的関数値は 24）.

　前と同様に，最適解で小数をとっている変数 x_1 の値でさらに分枝する．具体的には，$x_2 = 1$ に加えて $x_1 = 0$ と固定した部分問題 $(\mathrm{KP},\{x_2\},\{x_1\})$ と，$x_1 = 1$ と固定した部分問題 $(\mathrm{KP},\{x_2,x_1\},\emptyset)$ とを生成する．この2つの部分問題は未処理の問題として記録しておく．

　次に，部分問題 $(\mathrm{KP},\emptyset,\{x_2\})$ を扱う．まず，この問題の線形計画緩和を解く．

```python
from pyomo.environ import *
v = {1:24, 2:17, 3:12, 4:6}
w = {1:10, 2:8, 3:6, 4:5}
W = 15
items = list(v.keys())
kp = ConcreteModel()
kp.x = Var(items,within = NonNegativeReals,bounds =
    (0,1))
kp.obj = Objective(expr = sum(v[i]*kp.x[i] for i in items
    ),sense = maximize)
kp.con = Constraint(expr = sum(w[i]*kp.x[i] for i in
    items ) <= W)
kp.x[2].fix(0)
solver = SolverFactory('cbc')
result = solver.solve(kp)
print(result['Solver'])
print("optimal value:",value(kp.obj))
print("optimal solution:")
for i in kp.x:
    print(kp.x[i],kp.x[i]())
```

これを実行すると，次の結果を得る．

```
- Status: ok
User time: -1.0
System time: 0.0
Wallclock time: 0.0
Termination condition: optimal
Termination message: Model was solved to optimality (
    subject to tolerances), and an optimal solution is
    available.
Statistics:
  Branch and bound:
    Number of bounded subproblems: None
    Number of created subproblems: None
  Black box:
```

```
    Number of iterations: 1
Error rc: 0
Time: 0.014117956161499023

optimal value: 33.99999996
optimal solution:
x[1]  1.0
x[2]  0
x[3]  0.83333333
x[4]  0.0
```

これより最適解と最適値はそれぞれ 34 と $(x_1, x_2, x_3, x_4) = (1, 0, 0.83, 0)$ であることがわかる. また, x_3 を 0 とすることで実行可能解 $(x_1, x_2, x_3, x_4) = (1, 0, 0, 0)$ と対応する目的関数値 24 を得る. この最適解で小数をとっている x_3 の値でさらに分枝をする. この分枝操作で, 部分問題 $(\mathrm{KP}, \{x_3\}, \{x_2\})$ と部分問題 $(\mathrm{KP}, \emptyset, \{x_2, x_3\})$ を得る. これらの二つの部分問題を, 未処理の問題として記録しておく. この段階でも, 暫定解は前に得られた $(x_1, x_2, x_3, x_4) = (1, 0, 0, 0)$ のままである (目的関数値は 24).

さて, この段階では, 問題 (5.3) の最適解において $x_2 = 1$ であるのか $x_2 = 0$ であるのかはまだわからない. さらに, 処理を進める. ここまでで, 未処理の問題は $(\mathrm{KP}, \{x_2, x_1\}, \emptyset), (\mathrm{KP}, \{x_2\}, \{x_1\}), (\mathrm{KP}, \{x_3\}, \{x_2\}), (\mathrm{KP}, \emptyset, \{x_2, x_3\})$ の 4 つである. このなかから, まずは $(\mathrm{KP}, \{x_2, x_1\}, \emptyset)$ の線形計画緩和を解く. この線形計画緩和は, プログラムを実行するまでもなく, 実行不能であることがわかる (制約式を満たさない). つまり, $x_1 = 1, x_2 = 1$ と固定した時点で, x_3, x_4 の値によらず実行不能となる. したがって, $(\mathrm{KP}, \{x_2, x_1\}, \emptyset)$ はこれ以上分枝する必要はないことがわかる. 分枝木においては, この部分問題を表す頂点は子[*3] を持たないことになる.

次に, $(\mathrm{KP}, \{x_2\}, \{x_1\})$, の線形計画緩和を解く. そのためには, (KP) の線形計画緩和を解くためのプログラムで x_2 を 1 に, x_1 を 0 に固定する命令を追加して, 再度最適解を求めればよい.

[*3] 分枝木で, 頂点の下に書かれる隣接した頂点.

```
kp.x[2].fix(1)
kp.x[1].fix(0)
result = solver.solve(kp)
print(result['Solver'])
print("optimal value:",value(kp.obj))
print("optimal solution:")
for i in kp.x:
```

```
    print(kp.x[i],kp.x[i]())
```

これより，最適解と最適値は，それぞれ $(x_1, x_2, x_3, x_4) = (0, 1, 1, 0.2)$ と 30.2 であることがわかる．また，この解で $x_4 = 0$ とすることで，実行可能解 $(0, 1, 1, 0)$ とその目的関数値 29 を得る．この目的関数値 29 は，暫定解の目的関数値 24 よりも大きいので，暫定解を $(0, 1, 1, 0)$ に更新する．

　ここで，小数を取っている変数 x_4 の値でさらに分枝する．その結果，$(\text{KP}, \{x_2, x_4\}, \{x_1\})$，$(\text{KP}, \{x_2\}, \{x_1, x_4\})$ を得る．これらを未処理の問題として覚えておく．

　さて，次に $(\text{KP}, \{x_3\}, \{x_2\})$ の線形計画緩和を解く．これには，$(\text{KP}, \{x_3\}, \{x_2\})$ を解いたときのプログラムの 10 行目

```
kp.x[2].fix(0)
```

を，

```
kp.x[3].fix(1)
kp.x[2].fix(0)
```

に置き換えることで変数を $x_3 = 1, x_2 = 0$ と固定する．これを解くと，その最適解として $(0.9, 0, 1, 0)$ と最適値 33.6 を得る．また，$x_1 = 0$ として実行可能解 $(0, 0, 1, 0)$ とその目的関数値 12 を得る．この部分問題は，小数をとる変数 x_1 の値でさらに分枝する．その結果，部分問題 $(\text{KP}, \{x_3, x_1\}, \{x_2\})$，$(\text{KP}, \{x_3\}, \{x_1, x_2\})$ を未処理の問題に追加する．

　次に，$(\text{KP}, \emptyset, \{x_2, x_3\})$ の線形計画緩和を解く．その結果，最適解 $(1, 0, 0, 1)$ と最適値 30 を得る．線形計画緩和には整数条件は課されないが，得られた解はたまたま整数になっている．したがって，これは 0-1 整数最適化問題 $(\text{KP}, \emptyset, \{x_2, x_3\})$ の最適解にもなっている[*4]．これより，$(\text{KP}, \emptyset, \{x_2, x_3\})$ はこれ以上分枝する必要がないことがわかる．この最適値は暫定解の目的関数値 29 よりも大きいので，暫定解を $(1, 0, 0, 1)$ に更新する．

　続いて $(\text{KP}, \{x_2, x_4\}, \{x_1\})$，を扱う．まず，この問題の線形計画緩和を解く．その結果，最適解 $(0, 1, 0.33, 1)$ と最適値 27 を得る．そして，$x_3 = 0$ とすることで実行可能解 $(0, 1, 0, 1)$ とその目的関数値 23 を得る．線形計画緩和の最適値が 27 であることから，x_2 と x_4 を 1 に，x_1 を 0 に固定した時点で残りの変数 x_3 の値によらず目的関数値が 27 以上の解は得られないことがわかった．ここで，暫定解として，目的関数値が 30 の解 $(1, 0, 0, 1)$ がすでに得られていることに注意する．このことにより，目的関数値が 27 以上にならない場

*4 世界記録保持者が日本協会所属なら，その世界記録は日本記録でもある．

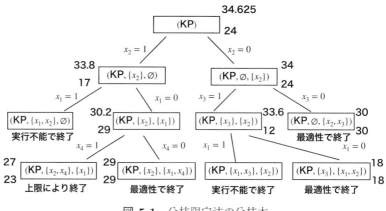

図 **5.1**　分枝限定法の分枝木

合はもう考える必要がないことがわかる．そこで，(KP,{x_2, x_4},{x_1})，はこれ以上分枝せず処理を終了する．

　次に，(KP,{x_2},{x_1, x_4}) を扱う．この線形計画緩和を解くことで，最適解 $(0, 1, 1, 0)$ と最適値 29 を得る．これは整数解になっているので，(KP,{x_2},{x_1, x_4}) 自体の最適解になっている．したがって，これ以上の分枝は必要ない．

　(KP,{x_3, x_1},{x_2}) は，$x_3 = x_1 = 1$ と固定することで制約式の左辺が 16 となり，x_2 と x_4 の値によらず制約式は成り立たない．したがって，これ以上分枝する必要がないことがわかる．

　(KP,{x_3},{x_1, x_2}) の最適解は $(x_1, x_2, x_3, x_4) = (0, 0, 1, 1)$ ，最適値は 18 である．この 18 は，すでに見つかっている最善の目的関数値 30 よりも小さいので，x_1, x_2 の値によらず最適解になることはない．

　これらの結果から，(KP) の最適解と最適値は (KP,∅,{x_2, x_3}) の線形計画緩和を解いて得られた結果であり，それぞれ $(x_1, x_2, x_3, x_4) = (1, 0, 0, 1)$ と 30 である．

5.2.3　動的計画法

　動的計画法は，特定の計算手順を指すものではなく，問題を解くための考え方の 1 つである．動的計画法では，もとの問題を複数の部分問題に分割する．そして，部分問題を少しずつ解き，もとの問題の答えに辿りつく．このとき，一度解いた部分問題の結果を覚えておくことで，無駄な計算を省く仕組みを入れる．これにより，効率的に答えを得ることができる．

(a) メモ化による高速化

動的計画法をPythonで実現する方法の1つに，メモ化とよばれるテクニックがある．これは，一度計算したものをメモとして覚えておいて，再利用するものである．Pythonでは辞書を使って簡単に実現することができる．

メモ化の例として，フィボナッチ数の計算をとりあげる．メモ化によって計算時間が劇的に短縮されることを示す．フィボナッチ数とは，1以上の整数 n に対して次の**漸化式 (recursive formula)** で定義される数列である．

$$F_1 = F_2 = 1,$$
$$F_n = F_{n-1} + F_{n-2} \quad (n \geq 3).$$

この式によって，F_3, F_4, F_5, F_6 を計算してみる．F_3, F_4, F_5, F_6 を求める式は，順に，

$$F_3 = F_2 + F_1 = 1 + 1 = 2,$$
$$F_4 = F_3 + F_2 = (F_2 + F_1) + F_2 = (1 + 1) + 1 = 3,$$
$$F_5 = F_4 + F_3 = (F_3 + F_2) + (F_2 + F_1) = ((F_2 + F_1) + F_2) + (F_2 + F_1)$$
$$= ((1 + 1) + 1) + (1 + 1) = 5$$

である．ここで，F_3, F_4, F_5, F_6 の順に計算するとする．まず，F_3 を計算するのに，F_2, F_1 が1回ずつ出てきている．次の F_4 を計算するのに，まず $F_4 = F_3 + F_2$ と展開し，さらにそのうちの F_3 を，$F_2 + F_1$ と展開している．したがって，最終的には $F_4 = F_2 + F_1 + F_2$ という2回の足し算を行っている．ここで，F_4 の前に F_3 をすでに計算していることに注意する．この F_3 の値2をメモしておくことにする．すると，$F_4 = F_3 + F_2$ の F_3 を，$F_2 + F_1$ と展開する必要はないことがわかる．展開せずに，$F_4 = F_3 + F_2 = 2 + 1$ と，単に $F_3 = 2$ を代入すればよい．そうすれば，F_4 の値は1回の足し算で求まる．さらに F_5 の式をみる．フィボナッチ数の漸化式のとおりに求めると，$F_5 = F_4 + F_3 = \cdots = F_2 + F_1 + F_2 + F_2 + F_1$ と，4回の足し算が必要である．ここでも，F_4 と F_3 の値はすでに一度計算していることを思い出す．これらの値を覚えておけば，$F_5 = F_4 + F_3$ の F_4 と F_3 に覚えておいた値を代入すれば，1回の足し算 $4 + 3$ で F_5 の値が求まる．

n 番目のフィボナッチ数 F_n を定義どおりに求めるPythonプログラムは，次のとおりである．

```
def fibonacci(number):
```

```
    if number == 1 or number == 2:
        return 1
        else:
        return fibonacci(number-1) + fibonacci(number-2)
```

F_n の式自体が再帰的なので，プログラムも**再帰 (recursion)** を用いたものになっている．これをいろいろな number の値で実行したときの計算時間を比べる．

```
import time
for n in range(1,50,5):
    start_time = time.time()
    fibonacci(n)
    end_time = time.time()
    print("n:",n," fibonacci:",fibonacci(n)," time
        :","{:.2}".format(end_time - start_time))
```

この実行結果として，次のようなものを得る．

```
n: 1  fibonacci: 1  time: 2.1e-06
n: 6  fibonacci: 8  time: 8.1e-06
n: 11  fibonacci: 89  time: 4.8e-05
n: 16  fibonacci: 987  time: 0.00058
n: 21  fibonacci: 10946  time: 0.0096
n: 26  fibonacci: 121393  time: 0.094
n: 31  fibonacci: 1346269  time: 0.93
n: 36  fibonacci: 14930352  time: 8.7
n: 41  fibonacci: 165580141  time: 9.4e+01
n: 46  fibonacci: 1836311903  time: 1.5e+03
```

この実行例から，フィボナッチ数 F_n の n が大きくなるにしたがい，実行時間が急激に長くなることがわかる．例えば，$n = 31$ のときと $n = 36$ のときの実行時間を比べると，およそ 10 倍に増えている．また，$n = 16$ のときには 0.001 秒未満だった計算時間が $n = 46$ のときには 1500 秒にもなっている．

これに対して，メモ化を用いたプログラムは次のとおりである．

```
def fibonacci(number, memo = {}):
    if number == 1 or number == 2:
        return 1
    elif number not in memo:
        memo[number] = fibonacci(number-1) + fibonacci(
            number-2)
```

```
    return memo[number]
```

このプログラムでは，一度計算したフィボナッチ数を覚えておくための辞書 memo を用いている．elif 節で，最初の引数 number が memo のキーに含まれているかを調べている．含まれていなければ number 番目のフィボナッチ数はまだ計算していないことがわかる．そのときは漸化式どおりに fibonacci(number-1) + fibonacci(number-2) を実行する．含まれていれば，number 番目のフィボナッチ数はすでに計算していて memo に覚えているということだから，単に覚えている値 memo[number] を返して終了する．

メモ化を用いたプログラムを，いろいろな number の値で実行したとの計算時間を比較する．

```
import time
for n in range(1,50,5):
    start_time = time.time()
    fibonacci(n)
    end_time = time.time()
    print("n:",n," fibonacci:",fibonacci(n)," time
        :","{:.2}".format(end_time - start_time))
```

この実行結果として次のようなものを得る．

```
n: 1   fibonacci: 1   time: 3.1e-06
n: 6   fibonacci: 8   time: 7.2e-06
n: 11   fibonacci: 89   time: 6.9e-06
n: 16   fibonacci: 987   time: 6e-06
n: 21   fibonacci: 10946   time: 4.1e-06
n: 26   fibonacci: 121393   time: 7.2e-06
n: 31   fibonacci: 1346269   time: 4.1e-06
n: 36   fibonacci: 14930352   time: 5e-06
n: 41   fibonacci: 165580141   time: 4.8e-06
n: 46   fibonacci: 1836311903   time: 6e-06
```

この例から，n を大きくしても実行時間はほとんど変わらないことがわかる．メモ化を用いると，n の小さいほうから F_n を計算する場合は，たし算の回数は少なく抑えられる．だから，n がいくつであっても実行時間はほとんど変化しないことが観察される．特に，n を $1, 2, \ldots$ と順に計算する場合は，各 F_n はせいぜい 1 回のたし算で求まる．

(b)　整数ナップサック問題への適用

　ここでは，整数ナップサック問題に対して動的計画法を適用する．

　整数ナップサック問題は，0-1 ナップサック問題と同様，いくつかのアイテムを重量制限のあるナップサックに入れる問題である．このとき，各アイテムは 2 個以上入れてもよい点が 0-1 ナップサック問題と異なる．整数ナップサック問題は，次の整数線形最適化問題として定式化される．

$$
\begin{aligned}
&\text{最大化} && \sum_{i=1}^{n} v_i x_i \\
&\text{制約} && \sum_{i=1}^{n} w_i x_i \le W, \\
& && x_i \text{は 0 以上の整数.}
\end{aligned}
$$

動的計画法では，もとの問題を部分問題に分解する．整数ナップサック問題に動的計画法を適用するには，部分問題へ分解する方法を決める必要がある．ここで，ナップサックの重量制限 W に注目する．もとの問題では，この W は与えられた 1 つの値であるが，これを $0, 1, 2 \ldots, W-1$ と変化させたそれぞれの問題を，部分問題とする．これらの部分問題を整数最適化問題で表したのが，次のものである．

$$
\begin{aligned}
&\text{最大化} && \sum_{i=1}^{n} v_i x_i \\
&\text{制約} && \sum_{i=1}^{n} w_i x_i \le \theta, \\
& && x_i \text{は 0 以上の整数.}
\end{aligned}
\tag{5.4}
$$

ただし，θ は $0, 1, 2, \ldots, W-1$ のいずれかの値とする．(5.4) の最適値を $f(\theta)$ と表すことにする．関数 $f(\theta)$ には，次の関係が成立する．

$$
f(\theta) = \max_{i=1,2,\ldots,n} \{ f(\theta - w_i) + v_i \}.
\tag{5.5}
$$

ここで，$f(0) = 0$ とする．また，計算を簡単に書き表すために，θ が負の場合にも $f(\theta)$ を定義する．具体的には，$\theta < 0$ に対しては $f(\theta) = -\infty$ とする．この (5.5) は，部分問題どうしの関係を表したものであり，**ベルマン方程式 (Bellman equation)** とよばれる．

　この関係を利用して，整数ナップサック問題を解くためのアルゴリズム Algorithm 1 が得られる．動的計画法は，一度解いた部分問題の最適値を表に

Algorithm 1 整数ナップサック問題に対する動的計画法

1: 初期化: アイテム $i = 1, \ldots, n$ に対して, 価値 v_i と重量 w_i を設定する.
2: **for** $\theta = 0, 1, 2, \ldots, W$ **do**
3:     $f(\theta) := 0$
4: **end for**
5: **for** $\theta = 0 - \max\{w_i\}, 0 - (\max\{w_i\} - 1), \ldots, -2, -1$ **do**
6:     $f(\theta) := -\infty$
7: **end for**
8: **for** $\theta = 0, 1, 2, \ldots, W$ **do**
9:     $f(\theta) = \max_{i=1,2,\ldots,n}\{f(\theta - w_i) + v_i\}$
10: **end for**

覚えておくものと考えるとよい. そして, 覚えておいた最適値を必要に応じて再利用することで, 再計算の手間を省くのである. いま, 例題として, $W = 25, n = 4, (w_1, w_2, w_3, w_4) = (7, 4, 3, 2), (v_1, v_2, v_3, v_4) = (9, 6, 5, 1)$ で定められる整数ナップサック問題を扱う. この問題例を整数線形最適化問題として表すと, 次のようになる.

$$
\begin{array}{llllllllll}
\text{最大化} & 9x_1 & + & 6x_2 & + & 5x_3 & + & x_4 \\
\text{制約} & 7x_1 & + & 4x_2 & + & 3x_3 & + & 2x_4 & \leq & 25, \\
& x_1, x_2, x_3, x_4, x_5 \text{は非負整数.}
\end{array}
$$

この問題に対して, $f(0), f(1), f(2), f(3), \ldots, f(25)$ と順に計算する. そうして得られた $f(25)$ の値が求めたい最適値となっている. 具体的に $f(0), f(1), \ldots$ を定める式を書くと, 次のようになる.

$$
\begin{aligned}
f(0) &= 0, \\
f(1) &= \max\{f(1-7) + 9, f(1-4) + 6, f(1-3) + 5, f(1-2) + 1\} \\
&= \max\{f(-6) + 9, f(-3) + 6, f(-2) + 5, f(-1) + 1\} \\
&= \max\{-\infty, -\infty, -\infty, -\infty\} \\
&= -\infty, \\
f(2) &= \max\{f(2-7) + 9, f(2-4) + 6, f(2-3) + 5, f(2-2) + 1\} \\
&= \max\{f(-5) + 9, f(-2) + 6, f(-1) + 5, f(0) + 1\} \\
&= \max\{-\infty, -\infty, -\infty, 0 + 1\} \\
&= 1,
\end{aligned}
$$

$$
\begin{aligned}
f(3) &= \max\{f(3-7)+9, f(3-4)+6, f(3-3)+5, f(3-2)+1\}\\
&= \max\{f(-4)+9, f(-1)+6, f(0)+5, f(1)+1\}\\
&= \max\{-\infty, -\infty, 0+5, -\infty\}\\
&= 5,\\
f(4) &= \max\{f(4-7)+9, f(4-4)+6, f(4-3)+5, f(4-2)+1\}\\
&= \max\{f(-3)+9, f(0)+6, f(1)+5, f(2)+1\}\\
&= \max\{-\infty, 0+6, -\infty, 1+1\}\\
&= 6.
\end{aligned}
$$

この式を見るとわかるように，$f(k)$ の値を計算するために $f(\ell)$ $(\ell < k)$ の値が複数回用いられている．そこで，一旦計算した $f(\ell)$ の値は表に記録しておくことにする．そして，2回目以降にその $f(\ell)$ の値を用いるときは，(5.5) の式によって再度計算するのではなく，表に記録しておいた値を読み取るだけにする．こうすることで，計算の手間を大幅に減らすことができる．

Algorithm 1 の手順を実現する Python プログラムは，次のとおりである．

```
f, W = {}, 25
w=(7,4,3,2)
v=(9,6,5,1)
for theta in range(W+1):
    f[theta] = 0
for theta in range(0-max(w),0):
    f[theta] = -float('inf')
n = len(v)-1
for theta in range(1,W+1):
    f[theta] = max([f[theta-w[i]] + v[i] for i in range
        (1,n+1)])
print("f[W]:",f[W]," W=",W)
```

このプログラムを実行すると，次の出力を得る．

```
f[W]: 41   W= 25
```

これより，最適値は 41 であることがわかる．

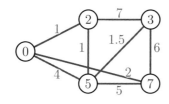

図 **5.2** 最短路を求めるネットワークの例

5.3 ネットワーク最適化問題の解き方

5.3.1 最短路問題の解き方

ここでは，与えられたネットワーク上の最短路問題を，NetworkX の関数を用いて解く方法を述べる．ネットワークの例として，図 5.2 に示したものを用いる．

(a) NetworkX によるモデル化

図 5.2 のネットワークを NetworkX の無向グラフとして定義するには，次のようにすればよい．

```
import networkx as nx
G = nx.Graph()
G.add_weighted_edges_from([(0,2,1),(0,5,4),(0,7,2),
    (2,3,7),(2,5,1),(3,5,1.5),(3,7,6),(5,7,5)])
for e in G.edges():
    print(e,G[e[0]][e[1]])
```

これを実行すると，次の結果を得る．

```
(0, 2) {'weight': 1}
(0, 5) {'weight': 4}
(0, 7) {'weight': 2}
(2, 3) {'weight': 7}
(2, 5) {'weight': 1}
(3, 5) {'weight': 1.5}
(3, 7) {'weight': 6}
(5, 7) {'weight': 5}
```

(b) 最短路の求め方

NetworkX では，最短路問題を解くための関数が複数提供されている．有向グラフ，無向グラフ両方に対して用いることができる関数として，次のものがある．ここで，[] 内の引数は，オプションで指定できるものであることを示す．これらは指定しなくても動作する．

- `shortest_path(G[, source, target, weight])`：source から target までの最短路を求める．
- `shortest_path_length(G[, source, target, weight])`：source から target までの最短路の長さを求める．
- `all_shortest_paths(G, source, target[, weight])`：source から target までのすべての最短路を求める．

グラフ G 上の最短路を求める関数として，

`shortest_path(G[,source,target,weight])`

がある．この関数は，グラフ G が有向グラフでも無向グラフでもよい．引数のうち，G 以外の source, target, weight はすべてオプションである．これらのうちどの引数を指定するかで，この関数の実行する内容が決まる．まず，weight は最短路を求める基準とする費用を指定するためのものである．この引数を指定しなければ，辺（弧）の本数が最小の経路が求められる．

source のみを指定した場合，source を始点とし，それ以外の各頂点への最短路が返される．例えば，0 を始点として実行すると，次の結果が得られる．

```
sp = nx.shortest_path(G,source=0)
print(sp)
```

```
{0: [0], 2: [0, 2], 3: [0, 2, 3], 5: [0, 5], 7: [0, 7]}
```

返ってくるのは，頂点をキーとする辞書である．キーとして頂点を与えると，始点 source からそのキーの頂点までの最短路が頂点のリストとして得られる．例えば，キーとして 3 を指定すると，始点 0 から 3 までの最短路を表すリスト [0,2,3] が得られる．なお，ここでは引数に weight を指定していないので，辺の数が最小の経路が求まる．

```
print(sp[3])
```

```
[0, 2, 3]
```

このリストが，頂点 0 から 3 までの最短路を表す．このときの最短路の長さ（含まれる辺の数）を求めるには，関数 shortest_path_length() を用いる．

```
sp_len = nx.shortest_path_length(G,source = 0)
print(sp_len)
```

これを実行すると，次の結果を得る．

```
{0: 0, 2: 1, 3: 2, 5: 1, 7: 1}
```

返り値 sp_len は辞書であり，キーとして頂点を与えることで，始点 0 からそのキーの頂点までの最短路に含まれる辺の数が得られる．

辺の数ではなく，辺の属性の値の和を最小にする経路を求めるには，引数に weight を指定する．例えば，0 からほかの頂点までの経路で weight の和が最小のものを求めるには，次のようにする．

```
sp = nx.shortest_path(G,source = 0,weight = 'weight')
print(sp)
```

これを実行すると，次の結果を得る．

```
{0: [0], 2: [0, 2], 3: [0, 2, 5, 3], 5: [0, 2, 5], 7: [0,
    7]}
```

頂点 3 と頂点 5 までの最短路が，weight を指定しないときと異なっていることがわかる．このときの最短路の費用を得るには，関数 shortest_path_length() を用いる．

```
sp_len = nx.shortest_path_length(G,source = 0,weight = '
    weight')
print(sp_len)
```

これを実行すると，次の結果を得る．

```
{0: 0, 2: 1, 3: 3.5, 5: 2, 7: 2}
```

返り値 sp_len は辞書であり，キーとして頂点を指定することでその頂点までの最短路の費用を得ることができる．例えば，頂点 0 から頂点 3 までの最短路の費用は 3.5 であることがわかる．

source と target を同時に指定した場合は，source から target までの

最短路が求まる．例えば，頂点 0 から頂点 3 までの最短路を求めるには，source = 0, target = 3 を引数として指定すればよい．

```
print(nx.shortest_path(G,source = 0,target = 3))
print(nx.shortest_path_length(G,source = 0,target = 3))
```

これを実行すると，次の結果を得る．

```
[0,2,3]
2
```

引数として target のみを指定したときには，target 以外の各点から target までの最短路が求められる．例えば，次のように target = 7 を指定すると，7 以外の各点から 7 までの最短路が得られる．

```
sp = nx.shortest_path(G,target = 7)
print(sp)
```

```
{0: [0, 7], 2: [2, 0, 7], 3: [3, 7], 5: [5, 7], 7: [7]}
```

target に加えて weight を引数に加えたときは，weight の和を最小にする経路が求められる．

　頂点 source から頂点 target へのすべての最短路を求めるには，all_shortest_paths() を使うとよい．次の命令は，頂点 0 から頂点 3 までの最短路をすべて求めるものである．

```
sp_paths = nx.all_shortest_paths(G,source=0,target=3)
print([p for p in sp_paths])
```

これを実行すると，次の結果を得る．

```
[[0, 2, 3], [0, 5, 3], [0, 7, 3]]
```

これより，頂点 0 から頂点 3 への最短路における辺の数は 2 であり，3 つの最短路があることがわかる．関数に weight を指定すると，最短路として次のものが得られる．

```
w_sp_paths = nx.all_shortest_paths(G,source = 0,target =
    3,weight = 'weight')
print([p for p in w_sp_paths])
print(nx.shortest_path_length(G,source = 0,target = 3,
    weight = 'weight'))
```

```
[[0, 2, 5, 3]]
3.5
```

今度は，1つの最短路が得られた．この最短路のコストは3.5であるが，コストが3.5となる経路は1つであることがわかる．

ネットワーク最適化を扱う際には，最短路を辺の列として扱いたい場合もよく起こる．辺の列を得るためには，Python自体の機能であるzip()を用いて，最短路で訪れる頂点ペアを順に生成し，それを空のリストに追加するとよい．例えば，頂点0から3までの最短路に含まれる辺を表すリストを得るには，次のようにすればよい．

```
sp=nx.shortest_path(G,source = 0,target = 3)
sp_edge=[]
for e in zip(sp[:-1],sp[1:]):
    sp_edge.append(e)
print(sp_edge)
```

これを実行すると，次の結果を得る．

```
[(0, 2), (2, 3)]
```

ここでspは，最短路において順に訪問する頂点の列 [0,2,3] である．関数 zip(a,b) は，aとbのi番目の要素をペアとして列挙するものである．このプログラムでは，最初の引数として sp[:-1] を，2番目の引数として sp[1:] を与えている．sp[:-1] はリスト sp の最後の要素を除いたリストであるので，[0,2] である．sp[1:] はリスト sp の最初の要素を除いたリストであるので，[2,3] である．この2つのリストのi番目の要素をペアとするものを列挙するのが zip(sp[:-1],sp[1:]) である．したがって，sp_edge としては，最短路で順に通過する辺の列が，リスト [(0,2),(2,3)] として得られる．このようにして，最短路に含まれる辺の列を求めることができる．

5.3.2 最大流問題の解き方

最大流問題は，ネットワーク上で，始点から終点まで最も多くの流量を流す方法を求める問題である．最短路問題では，各弧にその費用が関連づけられていたが，最大流問題では，容量が関連づけられる．弧の容量は，その弧に流すことのできる最大の流量を表す．図5.3に，弧に容量を関連づけた有向グラフを示した．弧のそばに記した数字が，その容量を表す．最大流問題を解く

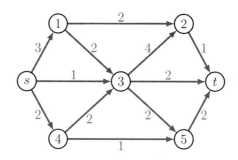

図 **5.3** 最大流問題を解くネットワーク

ためのアルゴリズムとして,**フロー増加法 (flow augmenting algorithm)**
などがあり,効率的に解を得ることができる [10].次のプログラムは,図 5.3
の有向グラフを NetworkX の有向グラフとして生成するものである.

```
G = nx.DiGraph()
G.add_edge('s',1,capacity = 3)
G.add_edge('s',3,capacity = 1)
G.add_edge('s',4,capacity = 2)
G.add_edge(1,2,capacity = 2)
G.add_edge(1,3,capacity = 2)
G.add_edge(2,'t',capacity = 1)
G.add_edge(3,2,capacity = 4)
G.add_edge(3,5,capacity = 2)
G.add_edge(3,'t',capacity = 2)
G.add_edge(4,3,capacity = 2)
G.add_edge(4,5,capacity = 1)
G.add_edge(5,'t',capacity = 2)
```

(a) NetworkX によるモデル化

NetworkX を用いると,最大流問題を解くアルゴリズムを実行することが
できる.関数 maximum_flow(G, s, t[, capacity]) を用いると,グラフ G
上の最大流とその流量が得られる.図 5.3 のグラフに対してこれらの関数を
実行するには,次の命令を実行する.

```
flow_value, flow_dict = nx.maximum_flow(G,'s','t')
print("flow_value:",flow_value)
print("flow_dict:",flow_dict)
```

これを実行すると,次の出力を得る.

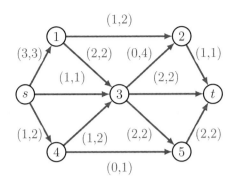

図 5.4　最大流を付記したネットワーク

```
flow_value: 5
flow_dict: {'s': {1: 3, 3: 1, 4: 1}, 1: {2: 1, 3: 2}, 3:
    {2: 0, 5: 2, 't': 2}, 4: {3: 1, 5: 0}, 2: {'t': 1}, 't
    ': {}, 5: {'t': 2}}
```

返り値 flow_value として，最大流の流量が返る．この例では 5 であるので，
s から t へは最大で 5 だけ流せることがわかる．flow_dict には，最大流を
表す辞書が返る．この辞書は，各頂点をキーとし，値はその頂点から隣接する
各頂点への流量を表す．例えば，キー s に対する値は{1: 3, 3: 1, 4: 1}
となっているが，これは頂点 s から 1 への流量は 3，s から 3 への流量は 1，s
から 4 への流量は 1 であることを表している．この辞書で表されたフローを，
容量とあわせて示したものが，図 5.4 である．s からは，頂点 1 に向かって
3，頂点 3 に向かって 1，頂点 4 に向かって 1 の流量が出る．そして，頂点 1
から頂点 3 に到達した流量 3 のうち，1 は頂点 2 を経由して，2 は頂点 3 を経
由して終点 t へ到達する．s から頂点 4 に向かった 1 の流量は，頂点 4 を経
由して頂点 3 に到達したところで s から直接やってきた 1 の流量，および頂
点 1 からやってきた 2 の流量と合流する．これらの 4 の流量のうち，2 は頂
点 5 を経由して，残りは直接 t に到達する．

5.3.3　時間枠付き最短路問題の解き方

最短路問題には，制約条件を課すことがある．そのような問題は，**制約付
き最短路問題 (constrained shortest path problem)** とよばれる．そのひ
とつの例が，**時間枠付き最短路問題 (shortest path problem with time**

windows) である.

　最短路問題では, 弧 (u, v) に対して費用 c_{uv} を関連づけたが, 時間枠付き最短路問題では, これに加えて移動時間 t_{uv} を関連づける. このことにより, 経路上で各頂点に到達する時刻を求めることができる. 例えば, 時刻 5 に弧 $(1, 2)$ の始点 1 を出発したとすると, 終点 2 には時刻 $5 + t_{12}$ に到達することになる. 時間枠付き最短路問題では, さらに各頂点 v に時間枠 $[a_v, b_v]$ を関連づける. ここで, a_v は頂点 v を訪問できる最も早い時刻, b_v は頂点 v を訪問できる最も遅い時刻を表している. 例えば, 頂点 v を何かの店舗だとすると, a_v は開店時刻, b_v は閉店時刻をイメージするとよい. 時間枠付き最短路問題は, 各頂点への訪問時間が時間枠内に収まっているという条件のもとで, 移動費用を最小にする経路を求める問題である. この際, 頂点 v に a_v よりも早く到着した場合は, その場で a_v まで待てばよいこととする.

整数線形最適化問題によるモデル化と求解

　時間枠付き最短路問題に対しては, ラベリング (labeling) に基づいた効率的な解法も提案されているが, 整数線形最適化問題としてモデル化してソルバで解く方法も有用である [6]. この方法は, 時間枠以外の制約を追加することも比較的容易であるので, 実務問題に対する計算を実現するのに便利である.

　時間枠付き最短路問題の整数線形最適化問題としての定式化を述べる前に, 時間枠のない最短路問題の整数線形最適化問題としての定式化を述べる. ここでは, 有向グラフ $G = (V, A)$ 上での最短路問題を扱う. まず, 変数として, 弧 $(u, v) \in A$ に対して 0-1 変数 x_{uv} を定義する. これは, 弧 (u, v) が用いられるときに 1, 用いられないときに 0 をとる変数である. 弧 (u, v) を通る費用を c_{uv} と表すとすると, 経路の総費用は $\sum_{(u,v) \in A} c_{uv} x_{uv}$ と表される. したがって, 目的関数は,

$$\text{最小化} \quad \sum_{(u,v) \in A} c_{uv} x_{uv}$$

と表される. 次に, 変数 x_{uv} が経路を表すための制約式が必要である. グラフ G 上の各頂点 $v \in V$ に対して, その頂点に入る弧を表す変数 x_{uv} と, その頂点から出る弧を表す変数 x_{vw} の関係を定める. いま, 経路の始点を $s \in V$, 終点を $t \in V$ とする. この経路には, いくつかの弧が含まれるとする. まず, 始点 s から出る弧のうち, ちょうど 1 つが経路に含まれる. このことを制約

式で表すと，次のようになる.

$$\sum_{(s,v)\in A} x_{sv} = 1.$$

同じように，点 t を終点とする弧のうち，ちょうど1つが経路に含まれる．このことを制約式で表すと，次のようになる.

$$\sum_{(u,t)\in A} x_{ut} = 1.$$

経路に含まれる s と t 以外の各頂点 v については，その頂点を終点とする弧のうちの，ちょうど1つからその頂点に入り，その頂点を始点とする弧のうちの，ちょうど1つから出る．したがって，このことを制約式で表すと，次のようになる.

$$\sum_{(u,v)\in A} x_{uv} = \sum_{(v,w)\in A} x_{vw} \quad (v \in V). \tag{5.6}$$

このとき，左辺は1となり，右辺も1となる．実は，経路に含まれない頂点での制約も，この式で表されている．すなわち，経路に含まれない頂点 v に対しては，その頂点に入る弧 (u,v) について x_{uv} はすべて0であるので，$\sum_{(u,v)\in A} x_{uv} = 0$ である．また，v から出る弧 (v,w) について x_{vw} もすべて0であるので，$\sum_{(v,w)\in A} x_{vw} = 0$ である．したがって，このときも制約式 (5.6) で表されている．これらをまとめると，最短路問題は，次の整数線形最適化問題として定式化できる.

$$
\begin{aligned}
\text{最小化} \quad & \sum_{(u,v)\in A} c_{uv} x_{uv} \\
\text{制約} \quad & \sum_{(s,v)\in A} x_{sv} = 1, \\
& \sum_{(u,t)\in A} x_{ut} = 1, \\
& \sum_{(u,v)\in A} x_{uv} = \sum_{(v,w)\in A} x_{vw} \quad (v \in V, v \neq s, v \neq t), \\
& x_{uv} \in \{0,1\}, \qquad\qquad ((u,v) \in A).
\end{aligned}
$$

これを，PuLP を用いて記述する方法を述べる．用いる問題例は，図 5.5 に示したネットワーク上の最短路問題とする.

```
from pulp import *
nodes = [0,2,3,5,7]
```

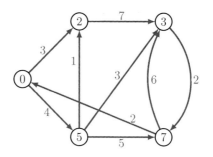

図 5.5　最短路問題の例

```
arcs = [
    (0,2),(0,5),(2,3),(3,7),(5,2),(5,3),(5,7),(7,0),(7,3)
    ]
arcCosts =
    {(0,2):3,(0,5):4,(2,3):7,(3,7):2,(5,2):1,(5,3):3,
    (5,7):5,(7,0):2,(7,3):6 }
s,t = 0,3 #0を始点, 3を終点とする
xvars = LpVariable.dicts("arcs",arcs,None,None,LpBinary)
prob = LpProblem("Shortest_Path",LpMinimize)
prob += lpSum([xvars[a]*arcCosts[a] for a in arcs]), "
    Total Cost"
prob += lpSum([xvars[(u,v)] for (u,v) in arcs if u == s])
    == 1, "Flow Conservation at s"
prob += lpSum([xvars[(u,v)] for (u,v) in arcs if v == t])
    == 1, "Flow Conservation at t"
for v in [v for v in nodes if v != s and v != t]:
    prob += lpSum([xvars[(i,j)] for (i,j) in arcs if j ==
        v]) == lpSum([xvars[(i,j)] for (i,j) in arcs if i
        == v]), "Flow Conservation at %s"%v
print(prob)
status = prob.solve()
```

ここでは，各弧のコストは弧をキーとする辞書 arcCosts で表している．変数 xvars の定義で，関数 LpVariable.dicts() を用いている．この関数は，第2引数（ここではリスト arcs）の各要素に対して変数を生成する．例えば，arcs の要素 (0,2) に対して変数 arcs_(0,_2) を生成する．生成した変数は，辞書 xvars の値としてアクセスできる．例えば，arcs の要素 (0,2) に対応する変数 arcs_(0,_2) を得るには，xvars[(0,2)] とすればよい．LpVariable.dicts() による変数の生成は，変数を大量に生成する場

合に便利である．たとえ，リスト arcs の要素数が数十万あっても，全く同じ1行の命令で数十万の変数を一気に生成することができる．第3引数と第4引数は，それぞれ変数の下限と上限を指定するものであり，最後の引数は，変数のタイプを指定するものである．ここでは 0-1 変数を表す LpBinary を指定している．print() により問題を表示した結果は，次のようになる．

```
Shortest Path:
MINIMIZE
3*arcs_(0,_2) + 4*arcs_(0,_5) + 7*arcs_(2,_3) + 2*arcs_
    (3,_7) + 1*arcs_(5,_2) + 3*arcs_(5,_3) + 5*arcs_(5,_7)
    + 2*arcs_(7,_0) + 6*arcs_(7,_3) + 0
SUBJECT TO
Flow_Conservation_at_s: arcs_(0,_2) + arcs_(0,_5) = 1

Flow_Conservation_at_t: arcs_(2,_3) + arcs_(5,_3) + arcs_
    (7,_3) = 1

Flow_Conservation_at_2: arcs_(0,_2) - arcs_(2,_3) + arcs_
    (5,_2) = 0

Flow_Conservation_at_5: arcs_(0,_5) - arcs_(5,_2) - arcs_
    (5,_3) - arcs_(5,_7)
 = 0

Flow_Conservation_at_7: arcs_(3,_7) + arcs_(5,_7) - arcs_
    (7,_0) - arcs_(7,_3)
 = 0


VARIABLES
0 <= arcs_(0,_2) <= 1 Integer
0 <= arcs_(0,_5) <= 1 Integer
0 <= arcs_(2,_3) <= 1 Integer
0 <= arcs_(3,_7) <= 1 Integer
0 <= arcs_(5,_2) <= 1 Integer
0 <= arcs_(5,_3) <= 1 Integer
0 <= arcs_(5,_7) <= 1 Integer
0 <= arcs_(7,_0) <= 1 Integer
0 <= arcs_(7,_3) <= 1 Integer
```

　さて，こうして定義した整数線形最適化問題を解くと，最短路問題の最適解が得られる．まず，

```
print(LpStatus[status])
```

を実行すると，Optimal が表示されるので，最適解が得られていることがわかる．そして，

```
for a in arcs:
    if xvars[a].value()>0.5:
        print(a,xvars[a].value())
```

を実行すると，

```
(0, 5) 1.0
(5, 3) 1.0
```

が表示されるので，非ゼロ（ということは 1）をとる変数は，弧 (0,5) と (5,3) に対する変数であることがわかる．これより，頂点を $0 \to 5 \to 3$ の順で訪れる経路が最短路であることがわかる．

さて，これに時間枠を満たすための制約を追加することで，時間枠付き最短路問題の整数線形最適化問題としての定式化が得られる．そのためには，頂点 u への到着時刻を表す連続変数 T_u を導入する．いま，頂点 $u \in V$ に時刻 T_u に到着した後，すぐに弧 $(u,v) \in A$ 上を v に向かって移動するとする．すると，頂点 v への到着時刻 T_v は

$$T_u + t_{uv} \leq T_v$$

を満たす必要があることがわかる．この到着時刻 T_v が頂点 v での時間枠 $[a_v, b_v]$ 内に含まれている必要があるので，次の式が成り立つ必要がある．

$$a_v \leq T_v \leq b_v.$$

*5 $T_v < a_v$ の場合．

ただし，a_v よりも早く着いた場合[*5]は，a_v まで待つとする．ここで注意すべきなのは，頂点 u から頂点 v に移動するときにのみこの制約式が必要だということである．頂点 u から頂点 v に移動しない（弧 (u,v) を通らない）ときには，この制約式は必要ない．このことは，次の制約式で表される．

$$T_u + t_{uv} - T_v \leq M\left(1 - x_{uv}\right) \quad ((u,v) \in A). \tag{5.7}$$

ここで，M はビッグエム (big-M) とよばれる十分大きな数字である．この式は，$x_{uv} = 1$ となる弧 (u,v) に対しては $T_u + t_{uv} - T_v \leq 0$ となり，$x_{uv} = 0$ となる弧 (u,v) に対しては $T_u + t_{uv} - T_v \leq M$ となる．$T_u + t_{uv} - T_v \leq M$

は，十分大きな M に対しては常に成り立つので，$x_{uv} = 0$ の場合は制約式 (5.7) は実質的にはなんの制約も課さないことになる．

　まとめると，時間枠付き最短路問題の整数線形最適化問題としての定式化は，次のようになる．

$$\text{最小化} \quad \sum_{(u,v) \in A} c_{uv} x_{uv}$$

$$\text{制約} \quad \sum_{(s,v) \in A} x_{sv} = 1,$$

$$\sum_{(u,t) \in A} x_{ut} = 1,$$

$$\sum_{(u,v) \in A} x_{uv} = \sum_{(v,w) \in A} x_{vw} \qquad (v \neq s, v \neq t),$$

$$T_u + t_{uv} - T_v \leq M(1 - x_{uv}) \qquad ((u,v) \in A), \qquad (5.8)$$

$$a_v \leq T_v \leq b_v \qquad (v \in V), \qquad (5.9)$$

$$x_{uv} \in \{0, 1\} \qquad ((u,v) \in A),$$

$$T_v \geq 0 \qquad (v \in V). \qquad (5.10)$$

ここで，制約 (5.8), (5.9) と (5.10) が追加した部分である．また，パラメータとして新たに t_{uv} と M を用いている．ここで，ビッグエムの使用には十分な注意が必要である．というのは，この M の値として無邪気に大きな値（例えば 10^8）を用いると，解を求める計算の際に数値的不安定が引き起こされるからである．数値的不安定性があると，ソルバは途中で計算が続けられなくなり，最適解を得る前に停止してしまう．近年の研究により，ビッグエムにあてずっぽうで大きな値を用いた場合でも，数値的不安定を避けるように前処理を行う技術は進んできた．しかし，依然としてユーザ側で注意を払って定式化を行う必要がある．ユーザができる最も有効な対策の 1 つは，M の値としてできるだけ小さいものを用いることである．M の値としては 10^8 のようにむやみに大きな値を使う必要はなく，$T_u + t_{uv} - T_v$ のとりうる値以上であればなんでもよい．例えば，$T_u + t_{uv} - T_v$ の最大値は $b_u + t_{uv} - a_v$ であることがわかる．したがって，(u,v) に対しては，$M = b_u + t_{uv} - a_v$ と設定すればよいことがわかる．この場合は弧 (u,v) ごとに異なる M の値を用いることになるが，これが煩雑であれば，$M = \max_{(u,v)}(b_u + t_{uv} - a_v)$ をすべての (u,v) に対して用いればよい．

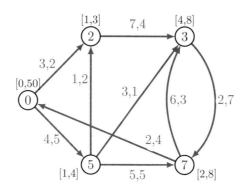

図 5.6　時間枠付き最短路問題の例

　この最適化問題を PuLP で記述する．前に述べた最短路問題に対するモデルに，時間枠制約を課す部分を追加すればよい．追加する部分は，変数 T_u の定義 (5.10) と先行制約 (5.8)，そして時間枠制約 (5.9) である．また，パラメータとして，頂点 $v \in V$ での時間枠 $[a_v, b_v]$（それぞれ earliest と latest と表す）と，弧 $(u, v) \in A$ の移動時間 arcTimes も新しく追加する．

　いま，パラメータは図 5.6 に示したものを用いるとする．

```
nodes = [0,2,3,5,7]
arcs = [ (0,2), (0,5), (2,3), (3,7), (5,2), (5,3), (5,7),
    (7,0), (7,3) ]
arcCosts = {(0,2):3, (0,5):4, (2,3):7, (3,7):2, (5,2):1,
    (5,3):3, (5,7):5, (7,0):2, (7,3):6 }
arcTimes =
    {(0,2):2,(0,5):5,(2,3):4,(3,7):7,(5,2):2,(5,3):1,
    (5,7):5,(7,0):4,(7,3):3 }
earliest = {0:0,2:1,3:4,5:1,7:2}
latest = {0:50,2:3,3:8,5:4,7:8}
s,t = 0,3 #0を始点，3を終点とする
```

すると，PuLP モデルは，次のように書ける．

```
from pulp import *
M = max([latest[u] + arcTimes[(u,v)] - earliest[v] for (u
    ,v) in arcs ]) + 1
xvars = LpVariable.dicts("x",arcs,None,None,LpBinary)
Tvars = LpVariable.dicts("T",nodes,0,None,LpContinuous)
prob = LpProblem("Shortest_Path_with_Time_Windows",
    LpMinimize)
prob += lpSum([xvars[a]*arcCosts[a] for a in arcs]),"
```

```
     Total Cost"
prob += lpSum([xvars[(u,v)] for (u,v) in arcs if u == s])
     == 1, "Flow Conservation at s"
prob += lpSum([xvars[(u,v)] for (u,v) in arcs if v == t])
     == 1, "Flow Conservation at t"
for v in [v for v in nodes if v != s and v != t]:
    print("v:",v)
    prob += lpSum([xvars[(i,j)] for (i,j) in arcs if j ==
        v]) == lpSum([xvars[(i,j)] for (i,j) in arcs if i
        == v]), "Flow Conservation at %s"%v
for v in nodes:
    prob += earliest[v] <= Tvars[v],"a_%s"%v
    prob += Tvars[v] <= latest[v],"b_%s"%v
for a in arcs:
    u,v = a[0],a[1]
    prob += Tvars[u] + arcTimes[(u,v)] - Tvars[v] <= M*(1
        - xvars[(u,v)]), "Prec. Constraint at %s"%str((u,
        v))
status = prob.solve()
```

このプログラムでは，5 行目で新たに変数 Tvars を生成している．また，制約式 (5.8) は 19-21 行目で各頂点に対して $a_v \le T_v$ と $T_v \le b_v$ の 2 つに分割して実装していることに注意する．うっかり

```
#誤り！！！
prob += earliest[v] <= Tvars[v] <= latest[v]
```

と両側の不等式を合わせて書いてしまうことがあるが[*6]，これでは片側の不等式しか追加されない．そして，このバグは発見するのにしばしばとても苦労する．

この結果を次の命令で表示する．

```
print("status:",LpStatus[status])
for a in arcs:
    if xvars[a].value() > 0.5:
        print("x["+str(a)+"]:",xvars[a].value())
        u,v=a[0],a[1]
        print("arrival time at ",str(v),":",Tvars[v].
            value())
```

```
status: Optimal
```

*6 著者もときどきやってしまう．

```
x[(0, 2)]: 1.0
arrival time at  2 : 2.0
x[(2, 3)]: 1.0
arrival time at  3 : 8.0
```

すると，最短路は弧 $(0,2),(2,3)$ を通るものであることがわかり，頂点 2，頂点 3 への到着時刻はそれぞれ 2, 8 であることがわかる．時間枠のないときの最短路は $(0,5),(5,3)$ を順に通るものだったが，この経路は頂点 5 において時間枠制約を満たせない．したがって異なる経路が得られたのである．

5.3.4　OpenStreetMap による道路データの利用

OpenStreetMap は，オープンデータの地理情報を作るプロジェクトである．OpenStreetMap Japan の Web サイト [1) から，OpenStreetMap の説明を引用する．

> OpenStreetMap(OSM) は，誰でも自由に地図を使えるよう，みんなでオープンデータの地理情報を作るプロジェクトです．プロジェクトには，誰でも自由に参加して，誰でも自由に地図を編集して，誰でも自由に地図を利用することが出来ます．

OpenStreetMap の地理データは，Open Database License で提供される．

*7 絵図.

OpenStreetMap のデータは，目で見える地図[*7] として利用できるほか，様々なソフトウェアから利用することもできる．よく行われるのは，QGIS などの GIS ソフトウェアからの利用であるが，Web サイトでの表示に利用されたり，ジオコーディング [2) に利用されたりもする．

OSMnx による可視化

OSMnx は，道路ネットワークを構築・解析するための Python パッケージである [3)．このパッケージは OpenStreetMap から道路ネットワークデータをダウンロードし，それらに基づいて NetworkX のグラフを構築し，さらにそのグラフを可視化することができる．また，グラフに関する様々な解析を，簡単なコマンドで実行することができる．ここでは，この OSMnx を用いて，実際の道路ネットワーク上でのネットワーク最適化を実行する方法を述べる．

[1) http://openstreetmap.jp

[2) 「住所，地名，目標物，郵便番号などを示す場所に対して，座標を付与すること.」，GIS 基礎解説，https://www.esrij.com/gis-guide/gis-data-processing/geocoding/，esri ジャパン

[3) https://github.com/gboeing/osmnx

図 **5.7** パリの道路網ネットワーク

　OSMnx には，道路網データをダウンロードする方法が複数用意されている．地名で地域を指定することもできるし，緯度経度で地域の範囲を指定することもできる．例えば，フランスのパリのデータをダウンロードして道路ネットワークを構築して描画するには，次の命令を実行すればよい．

```
%matplotlib inline
import osmnx as ox
G = ox.graph_from_place('Paris, France')
ox.plot_graph(ox.project_graph(G))
```

このプログラムは，"Paris, France" という地名に基づいて該当する地域の道路網ネットワークをダウンロードし，描画するものである．これを実行した結果，パリの道路網ネットワークが描画される（図 5.7）．

　ほかには，緯度経度によりダウンロードする地域を指定することができる．次の命令は，北緯 48.72 度，東経 2.38 度の地点[8] を中心として，四方が 500 メートルの範囲の道路網ネットワークデータをダウンロードして，それを表すグラフ G を生成するものである．

*8 パリのオルリー空港付近．

```
location_point = (48.72, 2.38)
G = ox.graph_from_point(location_point, distance = 500)
```

これを描画したものを，図 5.8 に示す．

　データのダウンロードにはある程度長い時間がかかることがある．このような場合には，一旦ダウンロードしたデータはファイルとして保存しておくと便利である．OSMnx では，様々な形式でグラフを保存することができる．

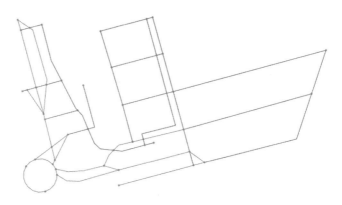

図 **5.8** (48.72,2.38) を中心とした 500 m 四方の道路網ネットワーク

例えば，上記のプログラムでダウンロードしたパリの道路網ネットワークデータを graphml 形式で保存する命令は，次のとおりである．

```
ox.save_graphml(G,filename = 'paris.graphml')
```

この命令により，グラフ G は paris.graphml という名前のファイルとして保存される．

graph_from_place() などの関数で生成したグラフ G は，NetworkX でのグラフとして用いることができる．したがって，NetworkX で提供されている関数を直接実行することができる．例えば，パリの道路網ネットワーク上で凱旋門からエッフェル塔までの最短路を求めるには，次の命令を実行すればよい．

```
arcde = (48.873792,2.295028) #凱旋門
eiffel = (48.85837,2.294481) #エッフェル塔
G = ox.graph_from_place('Paris,France')
origin_node = ox.get_nearest_node(G,arcde)
destination_node = ox.get_nearest_node(G,eiffel)
route = nx.shortest_path(G,origin_node,destination_node)
fig,ax = ox.plot_graph_route(G,route)
```

ここで，OSMnx の get_nearest_node() という関数を用いた．この関数は，引数に与えた緯度経度の地点に最も近い道路網ネットワーク上の頂点を返す．このプログラムを実行すると，図 5.9 に示した図が得られる．

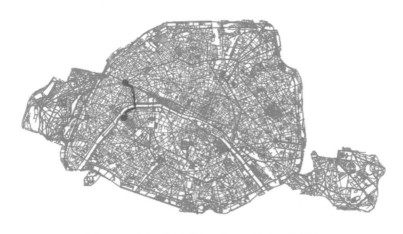

図 5.9　パリの道路網ネットワーク上の最短路

5.4　巡回セールスマン問題の解き方

5.4.1　0-1 整数線形最適化問題としての定式化

（対称な）巡回セールスマン問題は，2.2.4 項で述べたように，0-1 整数線形最適化問題として定式化することができる．

$$
\begin{array}{ll}
\text{最小化} & \displaystyle\sum_{\{u,v\} \in E} c_{uv} x_{uv} \\
\text{制約} & \displaystyle\sum_{e \in \delta(\{u\})} x_e = 2 \quad\quad (u \in V), \\
& \displaystyle\sum_{e \in E(S)} x_e \leq |S| - 1 \quad (S \subset V, |S| \geq 2), \\
& x_{uv} \in \{0, 1\} \quad\quad (\{u, v\} \in E).
\end{array}
$$

この定式化は，部分巡回路除去制約を用いたものである．

これを，非対称な巡回セールスマン問題[*9] に拡張する．

*9 $c_{uv} \neq c_{vu}$ である巡回セールスマン問題．

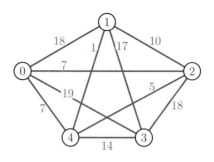

図 **5.10**　巡回セールスマン問題のための完全グラフの例

$$
\begin{aligned}
\text{最小化} \quad & \sum_{u \in V} \sum_{v \in V} c_{uv} x_{uv} \\
\text{制約} \quad & \sum_{v \in V, v \neq u} x_{uv} = 1 && (u \in V), \\
& \sum_{u \in V, u \neq v} x_{uv} = 1 && (v \in V), \\
& \sum_{u \in V} \sum_{v \in V} x_{uv} \leq |S| - 1 && (S \subset V, |S| \geq 2), \\
& x_{uv} \in \{0, 1\} && (u \in V, v \in V).
\end{aligned}
\tag{5.11}
$$

これを，PuLP によって実装する方法を述べる．

5.4.2　PuLP と NetworkX によるモデル化

　まず，巡回セールスマン問題を定義するネットワークを定める．点数が n の完全グラフを生成するには，NetworkX の complete_graph() コマンドを使うとよい．下記のプログラムは，点数 n の完全グラフ G を生成するものである．その際，各弧のコスト ecost は図 5.10 に示すとおりとする．ここでは非対称な巡回セールスマン問題を扱っているので，頂点 u と v に対して弧 (u, v) と (v, u) を定義する．ただし，定式化としては非対称な巡回セールスマン問題を扱うが，問題例を定めるデータとしては，$c_{uv} = c_{vu}$ のものを扱う．具体的には，例えば，頂点 1 と 2 との間には 2 つの弧 $(1, 2)$ と $(2, 1)$ を定義するが，c_{12} と c_{21} の値は等しいとする．

```
import networkx as nx
import random
n = 5
G = nx.complete_graph(n)
G = nx.to_directed(G)
nodes = list(G.nodes)
```

```
edges = list(G.edges)
ecost = {(0,1):18,(0,2):7,(0,3):19,(0,4):7,(1,2):10,
    (1,3):17,(1,4):1,(2,3):18,(2,4):5,(3,4):14}
ecost.update({(e[1],e[0]):ecost[e] for e in ecost})
```

こうして定義した巡回セールスマン問題を，PuLP を用いて解く方法を述べる．

この巡回セールスマン問題を，部分巡回路除去制約を用いた定式化で解くためのプログラムは，次のようになる．

```
from pulp import *
from itertools import combinations

xvars = LpVariable.dicts("x",edges,None,None,LpBinary)
TSP = LpProblem("TSP",LpMinimize)
TSP += lpSum([ecost[e]*xvars[e] for e in edges]),"Total
    Cost"
for u in nodes:
    TSP += lpSum([xvars[e] for e in edges if e[0] == u])
        == 1,"Flow Conservation (out) %s"%u
    TSP += lpSum([xvars[e] for e in edges if e[1] == u])
        == 1,"Flow Conservation (in) %s"%u
nodeset = set(nodes)
for i in range(2,len(nodeset)):
    for c in combinations(nodeset,i):
        xlist = []
        for p in combinations(c,2):
            xlist += [xvars[(p[0],p[1])],xvars[(p[1],p
                [0])]]
        TSP += lpSum(xlist) <= len(c) - 1
status = TSP.solve()
print("status:",LpStatus[status])
print("optimal value:",value(TSP.objective))
for e in edges:
    if xvars[e].value() > 0.5:
        print(e,xvars[e].value()," cost:",ecost[e])
print("n:",n,",number of constraints:",len(TSP.
    constraints))
```

このプログラムを実行すると，次のような実行結果を得る．

```
status: Optimal
optimal value: 49.0
```

```
(0, 2) 1.0   cost: 7
(1, 3) 1.0   cost: 17
(2, 4) 1.0   cost: 5
(3, 0) 1.0   cost: 19
(4, 1) 1.0   cost: 1
n: 5, number of constraints: 35
```

これより，最適巡回路 $0 \to 2 \to 4 \to 1 \to 3 \to 0$ が得られたことがわかる．そして，その巡回路のコストは 49 である．また，制約式の数は 35 であることがわかる．

　この定式化では，頂点集合 V のすべての真部分集合 S に対して，制約式

$$\sum_{u \in V} \sum_{v \in V} x_{uv} \leq |S| - 1 \tag{5.12}$$

を課している．プログラムの中では，頂点集合を表す nodeset のすべての真部分集合を生成するために，次の反復を行っている．

```
for i in range(2,len(nodeset)):
    for c in combinations(nodeset,i):
        xlist = []
        for p in combinations(c,2):
            xlist += [xvars[(p[0],p[1])],xvars[(p[1],p
                [0])]]
        TSP += lpSum(xlist) <= len(c) - 1
```

ここでは，itertools が提供している combinations() という命令を用いている．これは，最初の引数として与えた集合 nodeset の部分集合のうち，2番目の引数で与えた要素数のものを列挙するものである．最初の for 文（1 行目）で，2 から [頂点集合の要素数 − 1] まで変数 i を動かす．そして，2 番目の for 文（2 行目）で，要素数が i である nodeset の部分集合の要素を c としている．こうすることで，nodeset の要素数 2 以上のすべての真部分集合を網羅することができる．

　さて，こうして得られた各 c を用いて，4-7 行目で制約式 (5.12) を定義している．まず，この制約式の左辺に含まれるべき変数 x_{uv} を，リスト xlist の要素として追加している．その後，xlist の要素の和を lpSum() により求めている．その和が [部分集合 c の要素数] − 1 となるように，右辺の値を len(c) - 1 と設定している．

　この定式化の問題点は，頂点集合の真部分集合の数だけの制約式が必要なこ

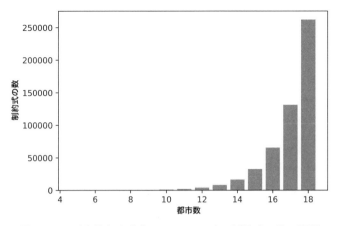

図 **5.11** 頂点数と定式化 (5.11) における制約式の数の関係

とである. 頂点数 n がごく小さなうちは, この定式化でも最適解を求めること
ができるが, 頂点数が大きくなるにしたがって, 制約式の数が急激に[*10] 大きく
なる. ここでは頂点数 5 の巡回セールスマン問題を扱っているが, このときの
制約式の数は 35 であった. この頂点数を 18 に増やすと, 制約式の数は 262160
にもなる. 頂点数と, 定式化 (5.11) における制約式の数との関係を, 図 5.11
に示した. これを見ると, 頂点数が増えると制約式の数が急激に増えることが
わかる. 制約式の数が増えると, 最適解を得るまでの計算時間も急激に長くな
る. このことから, 実際に解きたい規模, 具体的には, 数千から数万の頂点数
をもつ巡回セールスマン問題を解くためには, この定式化を用いることはでき
ないことがわかる. そこで, **Miller-Tucker-Zemlin 制約 (Miller-Tucker-
Zemlin constraints)** による定式化を用いる[*11]. Miller-Tucker-Zemlin 制
約は, MTZ 制約と略すこともある.

　ここでは, 頂点には $V = \{0, 1, \cdots, n-1\}$ と番号がつけられているとする.
そして, 巡回路は頂点 0 を出発して頂点 0 に戻るとする. MTZ 制約では, 0-1
変数 x_{uv} に加えて点 u の訪問順序を表す実数変数 w_u を用いる. ここで, 出
発点 0 における w_0 の値は 0 とする[*12]. MTZ 制約は, これらの変数を用い
て次のように定義される.

$$w_u + 1 - (n-1)(1 - x_{uv}) \le w_v \quad (u, v = 1, 2, \ldots, n-1, u \ne v).$$

これにより, MTZ 制約による巡回セールスマン問題の定式化として, 次のも
のが得られる.

[*10] 指数的に.

[*11] 定式化の詳細は, [13] の第 5 章を参照.

[*12] 定式化では w_0 は用いない.

$$
\begin{array}{ll}
\text{最小化} & \displaystyle\sum_{(u,v)\in E} c_{uv} x_{uv} \\[2mm]
\text{制約} & \displaystyle\sum_{v\in V, v\neq u} x_{uv} = 1 & (u \in V), \\[3mm]
& \displaystyle\sum_{u\in V, u\neq v} x_{uv} = 1 & (v \in V), \\[3mm]
& w_u + 1 - (n-1)(1 - x_{uv}) \leq w_v & (u, v = 1, 2, \ldots, n-1, u \neq v), \\[2mm]
& 1 \leq w_v \leq n-1 & (v \in V \setminus \{0\}), \\[2mm]
& x_{uv} \in \{0, 1\} & (u, v \in V), \\[2mm]
& w_u \in \mathbb{R} & (u \in V).
\end{array}
$$

これを実装するプログラムは，次のようになる．

```
from pulp import *
xvars = LpVariable.dicts("x",edges,None,None,LpBinary)
wvars = LpVariable.dicts("w",nodes,1,n-1,LpContinuous)
TSP = LpProblem("TSP",LpMinimize)
TSP += lpSum([ecost[e]*xvars[e] for e in edges]),"Total
    Cost"
for u in nodes:
    TSP += lpSum([xvars[e] for e in edges if e[0]==u]) ==
        1,"Flow Conservation (out) %s"%u
    TSP += lpSum([xvars[e] for e in edges if e[1]==u]) ==
        1,"Flow Conservation (in) %s"%u
nodeset = set(nodes)
for (u,v) in [(u,v) for u in nodes for v in nodes if u!=0
    and v!=0 and u!=v]:
    TSP += wvars[u] + 1 - (n-1)*(1-xvars[(u,v)]) <= wvars
        [v]
status = TSP.solve()
print("status:",LpStatus[status])
print("optimal Value:",value(TSP.objective))
for e in edges:
    if xvars[e].value() > 0.5:
        print(e,xvars[e].value()," cost:",ecost[e])
print("n:",n,", number of constraints:", len(TSP.
    constraints))
```

これを実行すると，次のような結果を得る．

```
status: Optimal
optimal Value: 49.0
```

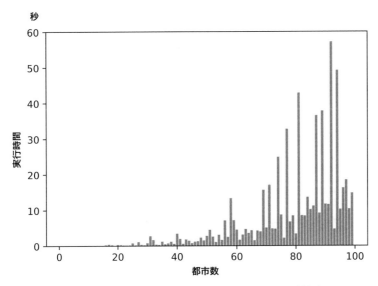

図 **5.12** 都市数と MTZ 制約を用いた定式化の計算時間

```
(0, 2) 1.0   cost: 7
(1, 3) 1.0   cost: 17
(2, 4) 1.0   cost: 5
(3, 0) 1.0   cost: 19
(4, 1) 1.0   cost: 1
n: 5, number of constraints: 22
```

これより，最適巡回路 $0 \to 2 \to 4 \to 3 \to 1 \to 0$ が得られたことがわかる．
そして，その巡回路のコストは 49 である．また，制約式の数は 22 であるこ
とがわかる．

そのように設計したので当然であるが，部分巡回路除去制約を用いた定式
化と，MTZ 制約を用いた定式化は，同じ最適値を与える．ただし，最適解自
体は異なる可能性がある．同じ最適値を与える最適解は複数ありうるからで
ある．

部分巡回路除去制約を用いたプログラムは，頂点数が大きくなるにつれて
計算時間が急激に大きくなるが，MTZ 制約を用いた定式化は急激には大き
くはならない．例えば，$n = 5, 6, \ldots, 100$ の巡回セールスマン問題を，MTZ
制約を用いた定式化によって解いた際の実行時間を示したのが，図5.12 であ
る．ここで，各問題例の弧のコストは擬似乱数で生成した．この結果からわ
かるように，頂点数が大きくなっても実行時間は単調に大きくなるわけでは

ない．また，部分巡回路除去制約による定式化とは異なり，頂点数が増加しても計算時間が急激に大きくなることもないことがわかる．

5.5　配送計画問題の解き方

5.5.1　集合分割問題としての定式化

配送計画問題を解くための整数最適化モデルは複数提案されている．ここではそのうち，集合分割問題として定式化する方法を述べる．集合分割問題とは，ある集合 V を，その部分集合に分割する問題であった．いま，部分集合 j を選ぶとき 1，それ以外のとき 0 をとる 0-1 変数を x_j，要素 $i \in V$ が部分集合 j に含まれるとき 1，それ以外のとき 0 となるパラメータを a_{ij}，部分集合 j を選ぶコストを表すパラメータを c_j とする．また，部分集合は N 個あるとして，それらの部分集合に $1, 2, \ldots, N$ と名前をつけることにする．このとき，集合分割問題は，次の 0-1 整数線形最適化問題として定式化できる．

$$
\begin{array}{ll}
\text{最小化} & \displaystyle\sum_j c_j x_j \\
\text{制約条件} & \displaystyle\sum_j a_{ij} x_j = 1 \quad (i \in V), \\
& x_j \in \{0, 1\} \quad (j \in \{1, 2, \ldots, N\}).
\end{array}
$$

さて，配送計画問題では，2 つのことを決定する．1 つは，各荷物の運搬車への割当て，もう 1 つは，各運搬車に割り当てた荷物の配送ルートの決定である．集合分割問題は，このうち 1 つめの，各荷物の運搬車への割当てに着目したモデルと考えると，わかりやすい．

配送計画問題を集合分割問題として定式化するには，運ぶべき荷物の集合を V として，それを部分集合に分割する，と考える．そして，採用された各部分集合に含まれる荷物を 1 台の運搬車が配送する，と考える．例えば，運搬車の数が 3 であれば，荷物の集合 V を 3 つの部分集合に分割する，ということになる．図 5.13 は，6 つの荷物を 3 台の運搬車で運ぶ例を示している．これは，集合 $V = \{1, 2, 3, 4, 5, 6\}$ を，$S_1 = \{1, 3\}, S_2 = \{2, 4\}, S_3 = \{5, 6\}$ の 3 つの部分集合に分割することに対応する．

ここでは，1, 2, 3, 4, 5, 6 の 6 つの荷物を，運搬車 1, 2, 3 の 3 台で配送する問題例を取り上げる．ルート候補は，R1, R2, R3, R4, R5 の 5 つとする．ただし，ルート候補 R1, R2 は運搬車 1，ルート候補 R3, R4 は運搬車 2，ルー

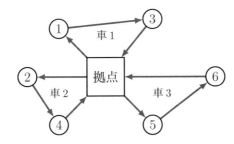

図 **5.13**　6 つの荷物の 3 台の運搬車への割当ての例

ト候補 R5 は運搬車 3 のルート候補とする.

- ルート候補 R1: 拠点 → 1 → 3 → 拠点（運搬車 1 による）
- ルート候補 R2: 拠点 → 1 → 2 → 拠点（運搬車 1 による）
- ルート候補 R3: 拠点 → 2 → 4 → 拠点（運搬車 2 による）
- ルート候補 R4: 拠点 → 3 → 拠点（運搬車 2 による）
- ルート候補 R5: 拠点 → 5 → 6 → 拠点（運搬車 3 による）

　荷物の運搬車への割当ては，行に各荷物を，列に各ルート候補を対応づけた行列で表現することができる．この例では，荷物が 6 つ，ルート候補が 5 つであるので，6×5 の行列で表すことができる．これを，集合分割問題の制約行列 A とする．荷物 i がルート候補 j に含まれるとき，i 行 j 列の要素を 1 とし，それ以外の要素は 0 とする．こうして定義した行列 A は，次のとおりである．

$$A = \begin{array}{c@{}c} & \begin{array}{ccccc} \text{R1} & \text{R2} & \text{R3} & \text{R4} & \text{R5} \end{array} \\ \begin{array}{c} 1 \\ 2 \\ 3 \\ 4 \\ 5 \\ 6 \end{array} & \left[\begin{array}{ccccc} 1 & 1 & 0 & 0 & 0 \\ 0 & 1 & 1 & 0 & 0 \\ 1 & 0 & 0 & 1 & 0 \\ 0 & 0 & 1 & 0 & 0 \\ 0 & 0 & 0 & 0 & 1 \\ 0 & 0 & 0 & 0 & 1 \end{array} \right] \end{array}$$

また，各ルート候補のコストが $(c_{R1}, c_{R2}, c_{R3}, c_{R4}, c_{R5}) = (98, 18, 155, 9, 16)$ だとする．この 5 つのルート候補から，各荷物がいずれかのルートにちょうど 1 回ずつ含まれ，かつ最も費用が小さくなるようにルートを選ぶ方法は，

次の集合分割問題を解くことで得られる.

$$
\begin{aligned}
\text{最大化} \quad & \sum_{j \in \{\text{R1,R2,R3,R4,R5}\}} c_j x_j \\
\text{制約} \quad & \sum_{j \in \{\text{R1,R2,R3,R4,R5}\}} a_{ij} x_j = 1 && (i \in \{1,2,3,4,5,6\}), \\
& \sum_{j \in \{\text{R1,R2}\}} x_j = 1 \\
& \sum_{j \in \{\text{R3,R4}\}} x_j = 1, \\
& \sum_{j \in \{\text{R5}\}} x_j = 1, \\
& x_j \in \{0,1\}. && (j \in \{\text{R1,R2,R3,R4,R5}\}).
\end{aligned}
$$

ここで,最初の制約式は,各荷物は採用されるルートのいずれかにちょうど 1 回含まれることを課す.最後の制約式は,変数が 0-1 変数であることを課す.残りの制約式は,1 台の運搬車のルートとしてちょうど 1 つの候補が採用されることを課す.

　上の例では,5 つのルート候補がすでにわかっていると仮定したが,実際に配送計画問題を解く際には,すべてのルート候補があらかじめわかっているわけではない.そして,これらのルート候補をいかにうまく生成するかが重要である.さらに,すべてのルートを列挙することは,数が多すぎて現実的でない.したがって,最適解に含まれる可能性が高い,効率の良いルートに限って生成することが重要である.

5.5.2　PuLP による列生成法の実装

　この集合分割問題を PuLP を用いて表現する.まず,問題を生成する.ここでは,列方向モデリングによりモデル化する.

```
from pulp import *
VRPsc = LpProblem("VRP_Set_Partitioining",LpMinimize)
obj = LpConstraintVar("obj")
VRPsc.setObjective(obj)

num_cargoes,num_vehicles=6,3
assign_cstr = {}
for i in range(1,num_cargoes+1):
```

```
    assign_cstr[i] = LpConstraintVar("assign_" + str(i),
        LpConstraintEQ,1)
    VRPsc += assign_cstr[i]
vehicle_used = {}
for v in range(1,num_vehicles+1):
    vehicle_used[v] = LpConstraintVar("vused_" + str(v),
        LpConstraintEQ,1)
    VRPsc += vehicle_used[v]
print(VRPsc)
```

こうして生成した最適化問題 VRPsc の内容を，print(VRPsc) によって画面
に表示すると，次のようになる．

```
VRP_Set_Partitioining:
MINIMIZE
0
SUBJECT TO
assign_1:0 = 1
assign_2:0 = 1
assign_3:0 = 1
assign_4:0 = 1
assign_5:0 = 1
assign_6:0 = 1
vused_1:0 = 1
vused_2:0 = 1
vused_3:0 = 1
VARIABLES
```

これより，名前が VRP_Set_Partitioning，目的関数の方向が最小化，そし
て制約条件を 9 つもつ問題が生成されたことがわかる．ここで，目的関数は，
0（MINIMIZE の次の行）となっているが，これは，目的関数の方向は最小化
に設定されているが，最小化する関数自体はいまだ設定されていないことを
表している．また，6 つの制約条件 assign_1,···,assign_6 は，

assign_1:0 = 1

などと，いずれも同じかたちになっている．これらの等式は，各荷物がちょう
ど 1 つのルートに割り当てられることを課している．右辺の 1 は，いずれ
か 1 つのルートに含まれることを表している．左辺は，最終的にはその荷物
を含むルート候補に対応する変数の和になるが，この時点では変数は 1 つも

ないので，0 になっている．

　この状態では，この最適化問題は実行不能である（制約式 0 = 1 は成り立たない）．そこで，まずは問題の実行可能性を確保するために，モデルを少し変形する．いまのところ，用いている変数は，ルート候補 j に対する 0-1 変数 x_j のみである．これに加えて，各荷物 i に対して 0-1 変数 y_i を新たに導入する．これは，荷物 j が（採用された）いずれのルートにも含まれないときに 1，それ以外のときに 0 をとる変数とする．すべての荷物はいずれかのルートで運ぶ必要があるので，この変数は 0 になってほしい．したがって，この変数の目的関数における値は，ペナルティの意味で非常に大きな数を設定する．ここでは，10000 と設定することにする．さらに，運搬車 v を使用しない（どのルートも採用しない）ことを表す変数 z_v も導入する．これらの変数 y_i と z_v を制約式の左辺に加えることで，次の 0-1 整数線形最適化問題を得る．

$$
\begin{aligned}
\text{最小化} \quad & \sum_{j \in \{R1,R2,R3,R4,R5\}} c_j x_j + \sum_{i \in \{1,2,3,4,5,6\}} 10000 y_i \\
\text{制約} \quad & \sum_{j \in \{R1,R2,R3,R4,R5\}} a_{ij} x_j + y_i = 1 \quad (i \in \{1,2,3,4,5,6\}), \\
& \sum_{j \in \{R1,R2\}} x_j + z_1 = 1, \\
& \sum_{j \in \{R3,R4\}} x_j + z_2 = 1, \\
& \sum_{j \in \{R5\}} x_j + z_3 = 1, \\
& x_j \in \{0,1\} \quad (j \in \{R1,R2,R3,R4,R5\}), \\
& y_i \in \{0,1\} \quad (i \in \{1,2,3,4,5,6\}), \\
& z_v \in \{0,1\} \quad (v \in \{1,2,3\}).
\end{aligned}
$$

この定式化において，最初の制約式には変数 y_i が含まれている．したがって，荷物 i を含むルート候補がなくても $y_i = 1$ とすればこの制約式が満たされる．また，車 v に対するルート候補 j を表す変数 x_j がいずれも 0 になる場合は，z_v が 1 をとることによって，制約式が満たされる．すなわち，ルート候補がどのようなものであっても常に実行可能解をもつことになる．

　さて，この 0-1 整数線形最適化問題を PuLP で表すには，プログラムに変数 y[i] の定義を追加し，各荷物 i の割当てを表す制約式の左辺に y[i] を加える．さらに，変数 z[v] の定義を追加し，各運搬車にちょうど 1 本のルートを採用することを表す制約式に z[v] を加えればよい．先に示したプログラ

ムでは，目的関数と制約式はすでに定義してあった．列方向モデリングでは，新たに変数を定義するときにその変数の目的関数と各制約式における係数を指定すればよい．ここで新たに定義する変数 y[i] は，目的関数における係数が 10000，荷物の割当てを表す制約式における係数が 1 であるから，次の命令で生成すればよい．

```
y = {}
for i in range(1,num_cargoes+1):
    y[i] = LpVariable("y" + str(i),0,1,LpBinary, 10000*
        obj + 1*assign_cstr[i])
```

y[i] は 0-1 変数なので，第 2 引数，第 3 引数，第 4 引数でそれぞれ 0, 1, LpBinary を指定し，第 5 引数で目的関数 obj における係数 10000 と制約式 assign_cstr[i] における係数 1 を指定している．同じように，変数 z[v] を定義する命令は次のとおりである．

```
z = {}
for v in range(1,num_vehicles+1):
  z[v] = pulp.LpVariable("z" + str(v),0,1,LpBinary, 1*
      vehicle_used[v])
```

これらを先に示したプログラムの末尾に追加すればよい．こうして得られる最適化問題 VRPsc を print(VRPsc) で表示すると，次のようになる．

```
VRP_Set_Partitioining:
MINIMIZE
10000*y1 + 10000*y2 + 10000*y3 + 10000*y4 + 10000*y5 +
    10000*y6 + 0
SUBJECT TO
assign_1: y1 = 1
assign_2: y2 = 1
assign_3: y3 = 1
assign_4: y4 = 1
assign_5: y5 = 1
assign_6: y6 = 1
vused_1: z1 = 1
vused_2: z2 = 1
vused_3: z3 = 1
VARIABLES
0 <= y1 <= 1 Integer
0 <= y2 <= 1 Integer
```

```
0 <= y3 <= 1 Integer
0 <= y4 <= 1 Integer
0 <= y5 <= 1 Integer
0 <= y6 <= 1 Integer
0 <= z1 <= 1 Integer
0 <= z2 <= 1 Integer
0 <= z3 <= 1 Integer
```

この問題を解き，結果を表示するには，次のようにする．

```
status = VRPsc.solve()
print("status:",LpStatus[status])
print("optimal value:",value(VRPsc.objective))
for var in VRPsc.variables():
    print(var.name, "=", var.varValue,",",end=" ")
```

結果は次のとおりである．

```
status: Optimal
optimal value: 60000.0
y1 = 1.0 , y2 = 1.0 , y3 = 1.0 , y4 = 1.0 , y5 = 1.0 , y6
    = 1.0 , z1 = 1.0 , z2 = 1.0 , z3 = 1.0 ,
```

この結果から，すべての変数が 1 となるのが最適解であり，そのときの最適値は 60000 であることがわかる．この問題例は，そもそもルート候補が 1 本もない状態である．したがって，各運搬車に対して採用されるルートはなく，必然的に，各荷物はどの車のルートにも割り当てられない．このことにより，$z1$, $z2$, $z3$ がすべて 1 になっている．

　次に，この問題例に，5 本のルート候補 R1, R2, R3, R4, R5 を追加する．まず，追加する各ルート候補 j に対して 0-1 変数 x_j を定義する．この変数を記録しておく辞書 x を初期化する．

```
x={}
```

各ルート候補で処理される荷物の集合を表す辞書 c_inc を導入する．ルート候補 R1 では，荷物 1 と 3 を処理するが，このことを，c_inc["R1"]={1,3} と表すことにする．これにより，キーとしてルート候補 R1 を指定すると，値として R1 で処理される荷物の集合 {1,3} が得られる．

```
c_inc["R1"]={1,3}
```

これは，集合分割定式化においては，$a_{1,R1}$ と $a_{3,R1}$ が 1，それ以外の $a_{2,R1}, a_{4,R1}, a_{5,R1}$ が 0 となることに対応する．また，各ルート候補に対するコストを記録しておく辞書 rcost も用意する．ルート候補 R1 のコストが 98 であれば，rcost["R1"]=98 と覚えておく．

```
rcost["R1"]=98
```

ルート候補に対しては，0-1 変数を追加する．例えば，ルート候補 R1 に対する 0-1 変数は x["R1"] として追加する．この変数を生成する際には，目的関数と各制約式における係数を指定する必要がある．ルート候補 R1 では荷物 1 と荷物 3 が処理されるから，制約式 assign_cstr[1] と assign_cstr[3] における係数が 1 となる．また，これは運搬車 1 のルート候補だから，制約式 vehicle_used[1] における係数も 1 となる．したがって，変数 x["R1"] を生成する命令は，次のとおりである．

```
route = "R1"
x[route] = LpVariable("x_" + route,0,1,LpBinary,rcost[
    route]*obj + 1*assign_cstr[1] + 1*assign_cstr[3] + 1*
    vehicle_used[1])
```

この右辺の LpVariable() の第 5 引数では，ルート候補 R1 で処理される荷物 1, 3 に対応する制約式 assign_cost[1] と assign_cost[3] を用いた．ここでは，目で見て荷物 1 と 3 を見つけ出したが，これを c_inc["R1"] から自動的に見つけ出せると便利である．これを内包表記を用いて実現する．まず，

```
lpSum([assign_cstr[i] for i in assign_cstr.keys()]))
```

によって assign_cstr[1], ..., assign_cstr[6] の和が得られることに注目する．x["R1"] の定義では，assign_cstr[1] から assign_cstr[6] のうち，ルート候補 R1 に含まれる荷物 i に対する assign_cstr[i] のみの和が必要なので，これらを内包表記を用いて取り出す．そのためには次のようにすればよい．

```
route = "R1"
lpSum([assign_cstr[i] for i in assign_cstr.keys() if i in
    c_inc[route]]))
```

こうすれば，集合 c_inc["R1"] に含まれる荷物 i に対しての assign_cstr[i] のみが，lpSum() の引数のリストに含まれるようになる．

さて，こうしてルート候補 R1 に対して行った処理を，すべてのルート候

補 R1, R2, R3, R4, R5 に対して行うようにする．具体的には，route の値を R1, R2, R3, R4, R5 と動かしながら，順に変数を追加する．こうして得られるプログラムが，次のものである．

```python
num_vehicles,num_cargoes = 3,6

c_inc = {"R1":{1,3},"R2":{1,2},"R3":{2,4},"R4":{3},"R5
    ":{5,6}}
wv = {"R1":1,"R2":1,"R3":2,"R4":2,"R5":3}
rcost = {"R1":98,"R2":18,"R3":155,"R4":9,"R5":16}

from pulp import *
VRPsc = LpProblem("VRP_Set_Partitioining",pulp.LpMinimize
    )
obj = LpConstraintVar("obj")
VRPsc.setObjective(obj)

assign_cstr,vehicle_used = {},{}
for i in range(1,num_cargoes+1):
    assign_cstr[i] = LpConstraintVar("assign_"+str(i),
        LpConstraintEQ,1)
    VRPsc += assign_cstr[i]
for v in range(1,num_vehicles+1):
    vehicle_used[v] = LpConstraintVar("vused_"+str(v),
        LpConstraintEQ,1)
    VRPsc += vehicle_used[v]
x,y,z = {},{},{}
ycoef = 10000
for i in range(1,num_cargoes+1):
    y[i] = LpVariable("y"+str(i),0,1,LpBinary,ycoef*obj +
        1*assign_cstr[i])
for v in range(1,num_vehicles+1):
    z[v] = LpVariable("z"+str(v),0,1,LpBinary,1*
        vehicle_used[v])
for route in c_inc.keys():
    x[route] = LpVariable("x_"+route,0,1,LpBinary,rcost[
        route]*obj + lpSum([assign_cstr[i] for i in
        assign_cstr.keys() if i in c_inc[route]]) +
        vehicle_used[wv[route]])
status = VRPsc.solve()
for var in VRPsc.variables():
```

```
    if var.varValue > 0.5:
        print(var.name, "=", var.varValue)
print("status:",LpStatus[status])
print("optimal value:",value(VRPsc.objective))
```

これを解くと，最適解では x_R1, x_R3, x_R5 がそれぞれ 1 となり，それ以外
の変数は 0 となる．

```
x_R1 = 1.0
x_R3 = 1.0
x_R5 = 1.0
status: Optimal
optimal value: 269.0
```

これは，ルート候補 R1 を運搬車 1 のルートとして，ルート候補 R3 を運搬
車 2 のルートとして，ルート候補 R5 を運搬車 3 のルートとして採用すると，
コストが最小の配送計画が得られることを示す．1, 2, 3, 4, 5, 6 の各荷物は
いずれかのルートでちょうど 1 回ずつ処理されるので，$y_1, \ldots, y_6$ はすべて 0
になる．また，そのときの最適値は 269 である．

　ここまでの例では，ルート候補を適当に（思いつくままに）定めたが，こ
れらを系統的に求める方法を述べる．それは，ネットワーク上の最適化問題
を用いた方法である．配送する荷物それぞれに対して頂点を定義し，さらに
初期状態と最終状態を表す頂点をそれぞれ s と t と定義する．そして，頂点
i の荷物の直後に頂点 j の荷物を処理することを表す弧 (i, j) を定義する．こ
の頂点集合と弧集合からなるネットワーク上において，初期状態 s から最終
状態 t までの経路 $(s-t$ パス$)$ は，1 つのルート候補を表す．したがって，こ
のネットワーク上で $s-t$ パスを導きだすことで，ルート候補を系統的に求
めることができる．

　ネットワークを定義するために，荷物の集合 $\{1, 2, 3, 4, 5, 6\}$ の各要素に対し
て頂点を定義する．ネットワークの定義にはパッケージ NetworkX を用いる．
頂点集合 $\{1, 2, 3, 4, 5, 6, s, t\}$ に対して，有向グラフを次の命令で定義する．

```
import networkx as nx
G=nx.DiGraph()
G.add_nodes_from(["s","1","2","3","4","5","6","t"])
```

ルート候補として R1 から R5 までの 5 つを用いた前の例では，目的関数値が
269 の解が得られた．もし，追加することでより小さい目的関数値が得られ

るルート候補があれば，それらを見つけたい．そのために，集合分割問題の線形計画緩和の双対変数の値を用いる．これらの双対変数の値を用いて，有向グラフの各弧のコストを定義するのである．

ここで，変数 y_i と z_v を含んだ集合分割定式化の一般形を述べる．そのために，いくつか記号を定める．すなわち，すべてのルート候補の集合を R，すべての荷物の集合を C，すべての運搬車の集合を V と表す．これらの記号を用いて，集合分割定式化は，次の 0-1 整数線形最適化問題として表される．

$$
\begin{aligned}
&\text{最小化} &&\sum_{j \in R} c_j x_j + \sum_{i \in C} 10000 y_i \\
&\text{制約} &&\sum_{j \in R} a_{ij} x_j + y_i = 1 \quad (i \in C), \\
& &&\sum_{j \in R: j \text{ は } v \text{ のルート候補}} x_j + z_v = 1 \quad (v \in V), \\
& &&x_j \in \{0, 1\} \quad (j \in R), \\
& &&y_i \in \{0, 1\} \quad (i \in C), \\
& &&z_v \in \{0, 1\} \quad (v \in V).
\end{aligned}
$$

この最適化問題で，変数に対して課された条件

$$
\begin{aligned}
x_j &\in \{0, 1\} \quad (j \in R), \\
y_i &\in \{0, 1\} \quad (i \in C), \\
z_v &\in \{0, 1\} \quad (v \in V)
\end{aligned}
$$

を，

$$
\begin{aligned}
0 &\le x_j \le 1 \quad (j \in R), \\
0 &\le y_i \le 1 \quad (i \in C), \\
0 &\le z_v \le 1 \quad (v \in V)
\end{aligned}
$$

に変更したものが，線形計画緩和である．この線形計画緩和において，制約式

$$
\sum_{j \in R} a_{ij} x_j + y_i = 1
$$

に対する双対変数を λ_i，制約式

$$
\sum_{j \in R: j \text{ は } v \text{ のルート候補}} x_j + z_v = 1
$$

に対する双対変数を π_v と表すことにする．

まず，集合分割問題の線形計画緩和を解く．これには，変数のタイプを

LpBinary から LpContinuous に変更すればよい．そのためには次の命令を
実行する．

```
for var in VRPsc.variables():
    var.cat=LpContinuous
```

こうして変数の種類を変更することで，線形計画緩和が得られる．これを解
くことで，各制約式に対する双対変数の値が得られる．まず，線形計画緩和
を次の命令により解く．

```
status=VRPsc.solve()
print("status:",LpStatus[status])
print("optimal value:",value(VRPsc.objective))
```

これより，最適値として 269 が得られることがわかる．

```
status: Optimal
optimal value: 269.0
```

問題 VRPsc の制約式は，順序付き辞書[*13] として保持されている．この順序
付き辞書のキーは，次の命令で表示することができる．

*13 要素が順序を持った
辞書．

```
print(VRPsc.constraints.keys())
```

これを実行した結果は，次のようになる．

```
odict_keys(['assign_1', 'assign_2', 'assign_3', 'assign_4
    ', 'assign_5', 'assign_6', 'vused_1', 'vused_2', '
    vused_3'])
```

これらのキーは，制約式の名前を表しており，LpConstraintVar() の最初の
引数として指定した値である．これらのキーにより，対応する制約式オブジェク
トにアクセスすることができる．例えば，VRPsc.constraints['assign_1']
によって，assign_1 という名前をもつ制約式にアクセスすることができる．
次の命令は，その制約式の中身を画面に表示するものである．

```
print(VRPsc.constraints['assign_1'])
```

この結果，次の式が表示される．

```
x_R1 + x_R2 + y1 = 1
```

さて，ある制約式に対応する双対変数の値を得るには，pi を用いる．例えば，
上に挙げた制約式 assign_1 に対応する双対変数の値を得るには，

```
VRPsc.constraints['assign_1'].pi
```

とする．VRPsc に含まれる各制約式に対応する双対変数の値を，

```
for cst in VRPsc.constraints:
    print("dual var. for [",cst,VRPsc.constraints[cst
        ],"]:",VRPsc.constraints[cst].pi)
```

で表示してみると，次の結果を得る

```
dual var. for [ assign_1 x_R1 + x_R2 + y1 = 1 ]: 18.0
dual var. for [ assign_2 x_R2 + x_R3 + y2 = 1 ]: 0.0
dual var. for [ assign_3 x_R1 + x_R4 + y3 = 1 ]: 80.0
dual var. for [ assign_4 x_R3 + y4 = 1 ]: 10000.0
dual var. for [ assign_5 x_R5 + y5 = 1 ]: 10000.0
dual var. for [ assign_6 x_R5 + y6 = 1 ]: 10000.0
dual var. for [ vused_1 x_R1 + x_R2 + z1 = 1 ]: 0.0
dual var. for [ vused_2 x_R3 + x_R4 + z2 = 1 ]: -71.0
dual var. for [ vused_3 x_R5 + z3 = 1 ]: -19984.0
```

ここで，制約式 assign_1, ..., assign_6 に対する双対変数の値を，辞書 cargo_lambda に，制約式 vused_1, ..., vused_3 に対応する双対変数の値を，辞書 vehicle_pi に記録しておく．辞書 cargo_lambda のキーは，荷物を表す添字 $1, 2, 3, 4, 5, 6$，辞書 vehicie_pi のキーは，運搬車を表す添字 $1, 2, 3$ とする．

```
cargo_lambda,vehicle_pi={},{}
for i in range(1,num_cargoes+1):
    cargo_lambda[i]=VRPsc.constraints["assign_"+str(i)].
        pi
for v in range(1,num_vehicles+1):
    vehicle_pi[v]=VRPsc.constraints["vused_"+str(v)].pi
```

　さて，これらの双対変数の値を用いて，有向グラフの各弧のコストを定義する．有向グラフ上での $s-t$ パスが 1 つのルート候補を表すのであるが，この $s-t$ パスのコストを，

$$[\text{ルートに含まれる弧のコストの和}] - [\text{ルートで処理される荷物 } i \text{ に対する} \\ \lambda_i \text{の和}] + [\text{この運搬車 } v \text{ に対応する } \pi_v \text{ の値}]$$

として定義する．これが負になる $s-t$ パスは，集合分割問題の線形計画緩和

表 **5.2** 地点間の距離

	s	1	2	3	4	5	6	t
s	-	8	70	9	-	5	-	0
1	-	-	10	90	-	-	-	0
2	-	-	-	120	85	-	-	0
3	-	-	-	-	7	-	-	0
4	-	-	-	-	-	-	-	0
5	-	-	-	-	150	-	11	0
6	-	-	140	-	130	-	-	0
t	-	-	-	-	-	-	-	-

に列として追加する.

有向グラフは,各運搬車 v に対して別々に定義される.$s-t$ パスのコストが上記の値になるようにするには,弧 (i,j) のコスト c_{ij} を次のように定義するとよい.ただし,d_{ij} は頂点 i に対応する荷物の地点から頂点 j に対応する荷物の地点までの距離を表す.

$$c_{ij} = \begin{cases} d_{ij} - \lambda_i & (i \neq s, j \neq t \text{ の場合}), \\ d_{sj} + \pi_v & (i = s, j \neq t \text{ の場合}), \\ 0 & (j = t \text{ の場合}). \end{cases}$$

となる.

こうして有向グラフの各枝のコストを定義したものを図示すると,図 5.14 のようになる.ただし,d_{ij} の値は表 5.2 のとおりとする.

このように定義することで,グラフ上の $s-t$ パスのコストは,

[ルートに含まれる弧のコストの和] − [ルートに含まれる荷物 i に対する λ_i の和] + [この運搬車に対する π_v の値]

となる.

そこで,現在得られている双対変数の値

$$\lambda_1 = 18.0, \qquad \lambda_2 = 0.0, \qquad \lambda_3 = 80.0,$$
$$\lambda_4 = 10000.0, \quad \lambda_5 = 10000.0, \quad \lambda_6 = 10000.0,$$
$$\pi_1 = 0.0, \qquad \pi_2 = -71.0, \quad \pi_3 = -19984.0$$

を用いて,図 5.14 に示したグラフの弧のコストを定義する.

まず,2 点間の距離 d_{ij} のみを用いてコストを定義したグラフを生成する.そのために,次のプログラムを実行する.

```
import networkx as nx
```

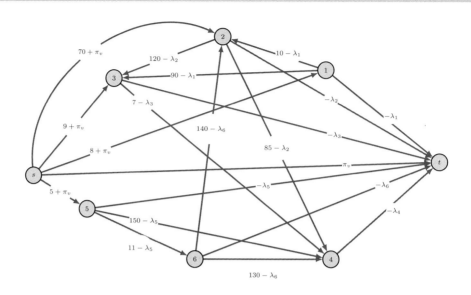

図 **5.14**　部分問題に対するネットワーク

```
from copy import copy, deepcopy
G = nx.DiGraph()
G.add_nodes_from(["s",1,2,3,4,5,6,"t"])

G.add_weighted_edges_from([('s','t',0),(1,'t',0),(2,'t
    ',0),(3,'t',0),(4,'t',0),(5,'t',0),(6,'t',0),('s
    ',1,8),('s',2,70),('s',3,9),('s
    ',5,5),(1,2,10),(1,3,90),(2,3,120),(2,4,85),(3,4,7),
(5,4,150),(5,6,11),  (6,2,140),(6,4,130)])
```

*14 速度，容量などが異なる．

　もとの定式化においては，運搬車 $v \in V$ はそれぞれ異なる仕様である[*14] と仮定している．このため，運搬車ごとに別のグラフを定める必要がある．これらのグラフ間では弧集合が互いに異なることがありうる．例えば，速度の速い運搬車に対するグラフには含まれる弧が，速度の遅い運搬車に対するグラフでは含まれないということがある．ここでは簡単のために，すべての運搬車は同じ仕様であると仮定する．これにより，すべての運搬車に対するグラフは同じ弧集合をもつことになる．ただし，運搬車に対する双対変数の値 π_v は互いに異なるので，弧のコストはグラフ間で異なる．

　始点 s からでる弧には，運搬車 v ごとに定義される双対変数の値 π_v を足す．また，それ以外の弧 (i,j) のコストからは，始点 i に対する双対変数 λ_i の値を引く．

```
vG = {v:deepcopy(G) for v in range(1,num_vehicles+1)}
for v in range(1,num_vehicles+1):
    for n in [n for n in vG[v]["s"] if n!="t"]:
        vG[v]["s"][n]["weight"] += vehicle_pi[v]
    for e in [e for e in vG[v].edges() if e[0]!="s"]:
        vG[v][e[0]][e[1]]["weight"] -= cargo_lambda[e[0]]
```

こうして得られたグラフ vG[v] において，始点 s から終点 t への最短路を求める．このグラフの弧のコストは負になりうるので，ベルマン-フォードのアルゴリズムを用いる [8]．

```
optpath,optpath_length = {},{}
for v in range(1,num_vehicles+1):
    optpath[v] = nx.bellman_ford_path(vG[v],"s","t")
    optpath_length[v] = nx.bellman_ford_path_length(vG[v
        ],"s","t")

print("optpath:",optpath)
print("optpath_length:",optpath_length)
```

これを実行すると，次のように表示される．

```
optpath: {1: ['s', 5, 6, 4, 't'], 2: ['s', 5, 6, 4, 't'],
    3: ['s', 5, 6, 4, 't']}
optpath_length: {1: -29854.0, 2: -29925.0, 3: -49838.0}
```

このように，最短路は運搬車 $1, 2, 3$ のいずれに対しても，$s \to 5 \to 6 \to 4 \to t$ であることがわかる．また，いずれの運搬車に対してもそのコストは負になっているので，これらのルートを定式化に加えると，より良い解が得られることが期待される．得られるルートのコスト $-29854.0, -29925.0, -49838.0$ は，$s \to 5 \to 6 \to 4 \to t$ の移動にかかる正味のコスト $d_{s5} + d_{56} + d_{64} + d_{4t}$ に，$-\lambda_5 - \lambda_6 - \lambda_4 + \pi_v$ を足したものであることに注意する．

最短路 optpath のうち，負のコストのものを新しいルート候補として追加する．運搬車 v に対する最短路 opt_path[v] の正味のコスト（双対変数の値を加えていないコスト）は，次のように計算することができる．

```
import numpy as np
np.cumsum([G[i][j]["weight"] for (i,j) in zip(optpath[v
    ][:-1],optpath[v][1:])])[-1]
```

　ここでは，zip() を用いて最短路 optpath[v] に含まれる枝を列挙している．例として，v を 1 とする．いま，optpath[1] は ['s',5,6,4,'t'] というリストになっている．このリストから，[('s',5),(5,6),(6,4),(4,'t')] という弧のリストを生成したい．これには，zip() の第 1 引数に ['s',5,6,4] を，第 2 引数に [5,6,4,'t'] を渡せばよい．['s',5,6,4] と [5,6,4,'t'] は，スライスを用いてそれぞれ optpath[1][:-1] と optpath[1][1:] で表される．こうして得られる [('s',5),(5,6),(6,4),(4,'t')] の各要素 (i,j) に対して，G[i][j]["weight"] を要素とするリストを生成し，その要素の総和としてこの最短路のコストが得られる．リストの要素の総和を求めるには，NumPy で提供されている関数 cumsum() を用いればよい．

　こうして得られた最短路のうちコストが負のものを，線形最適化問題（集合分割問題の線形計画緩和）の制約行列の列として追加する．そのためには，追加する列のデータを辞書 c_inc, wv と rcost の要素に追加する．ここでは，各運搬車に対して 1 本ずつ，合計 3 本の列を追加することになる．ルート候補の名前は，それぞれ R6, R7, R8 とする．いま，num_routes の値が 5 であるので，これに 1 を足し，"R"+str(num_routes) とすることで文字列 R6 が得られる．同じように，R7 と R8 も num_routes の値を 1 ずつ増やしながら "R"+str(num_routes) とすることで得られる．

　こうして得られるルート候補の名前を用いて，辞書 c_inc, wv と rcost の要素を追加する．それには次のプログラムを実行する．

```
routes_to_add=[]
num_routes=len(x)
for v in range(1,num_vehicles+1):
    if optpath_length[v]<-1e-3:
        num_routes += 1
        route_name = "R" + str(num_routes)
        c_inc[route_name] = set(optpath[v][1:-1])
        wv[route_name] = v
        rcost[route_name] = np.cumsum([G[i][j]["weight"]
            for (i,j) in zip(optpath[v][:-1],optpath[v
            ][1:])])[-1]
        routes_to_add += [route_name]
print("c_inc:",c_inc)
print("wv:",wv)
print("rcost:",rcost)
print("routes_to_add:",routes_to_add)
```

$$\begin{array}{c} \begin{array}{cccccccc} \text{A} & \text{B} & \text{C} & \text{D} & \text{E} & \text{F} & \text{G} & \text{H} \end{array} \\ \begin{array}{c} 1 \\ 2 \\ 3 \\ 4 \\ 5 \\ 6 \end{array} \left[\begin{array}{cccccccc} 1 & 1 & 0 & 0 & 0 & 0 & 0 & 0 \\ 0 & 1 & 1 & 0 & 0 & 0 & 0 & 0 \\ 1 & 0 & 0 & 1 & 0 & 0 & 0 & 0 \\ 0 & 0 & 1 & 0 & 0 & 1 & 1 & 1 \\ 0 & 0 & 0 & 0 & 1 & 1 & 1 & 1 \\ 0 & 0 & 0 & 0 & 1 & 1 & 1 & 1 \end{array} \right] \end{array}$$

図 5.15 8つのルート候補の行列による表現

このプログラムを実行すると，次のように表示され，確かに追加するルート候補 R6, R7, R8 のデータが追加されていることがわかる．

```
c_inc: {'R1':{1,3},'R2':{1,2},'R3':{2,4},'R4':{3},'R5
    ':{5,6},'R6':{4,5,6},'R7':{4,5,6},'R8':{4,5,6}}
wv:{'R1':1,'R2':1,'R3':2,'R4':2,'R5':3,'R6':1,'R7':2,'R8
    ':3}
rcost:{'R1':98,'R2':18,'R3':155,'R4':9,'R5':16,'R6':146,'
    R7':146,'R8':146}
routes_to_add: ['R6', 'R7', 'R8']
```

次に，追加する列に対応する変数を生成する．生成するのは 0 以上 1 以下の連続変数とする．

```
for route in routes_to_add:
    x[route] = LpVariable("x_" + route,0,1,LpContinuous,
        rcost[route]*obj + lpSum([assign_cstr[i] for i in
        assign_cstr.keys() if i in c_inc[route]]) +
        vehicle_used[wv[route]])
```

これで 8 本のルート候補が得られることになるが，それを行列で表現したものが，図 5.15 である．

こうして列（と変数）を追加した線形最適化問題 VRPsc を解く．

```
status = VRPsc.solve()
for var in VRPsc.variables():
    if var.varValue>1e-3:
        print(var.name,"=",var.varValue)
print("status:",LpStatus[status])
print("optimal value:",value(VRPsc.objective))
```

この最適解として，x_R2=1，x_R4=1，x_R8=1 が得られる．また，最適値は 173 であり，確かに先ほどの 269 よりも小さい値が得られている．

この状態での双対変数の値を

```
for cst in VRPsc.constraints:
    print("dual var. for [",cst,VRPsc.constraints[cst
        ],"]:",VRPsc.constraints[cst].pi)
```

を実行して表示してみると，次の結果を得る．

```
dual var. for [ assign_1 x_R1 + x_R2 + y1 = 1 ]: 18.0
dual var. for [ assign_2 x_R2 + x_R3 + y2 = 1 ]: 0.0
dual var. for [ assign_3 x_R1 + x_R4 + y3 = 1 ]: 9.0
dual var. for [ assign_4 x_R3 + x_R6 + x_R7 + x_R8 + y4 =
    1 ]: 130.0
dual var. for [ assign_5 x_R5 + x_R6 + x_R7 + x_R8 + y5 =
    1 ]: 16.0
dual var. for [ assign_6 x_R5 + x_R6 + x_R7 + x_R8 + y6 =
    1 ]: 0.0
dual var. for [ vused_1 x_R1 + x_R2 + x_R6 + z1 = 1 ]:
    0.0
dual var. for [ vused_2 x_R3 + x_R4 + x_R7 + z2 = 1 ]:
    0.0
dual var. for [ vused_3 x_R5 + x_R8 + z3 = 1 ]: 0.0
```

このように，R6, R7, R8 を追加する前とは双対変数の値が異なっていることがわかる．現在の 8 本のルート候補 R1, R2, ..., R8 のほかに，さらに追加するべき候補があるか否かを確認するために，いま得られている双対変数の値を用いて，再度グラフの弧のコストを設定する．そのためには，現在の線形最適化問題の双対変数の値を cargo_lambda, vehicle_pi の値として設定しなおす必要がある．

```
cargo_lambda,vehicle_pi = {},{}
for i in range(1,num_cargoes+1):
    cargo_lambda[i] = VRPsc.constraints["assign_"+str(i
        )].pi
for v in range(1,num_vehicles+1):
    vehicle_pi[v] = VRPsc.constraints["vused_"+str(v)].pi
```

これらの双対変数の値を用いて弧のコストを定義したグラフ上で，最小コストの $s-t$ パスを求める．これには，前回の反復で用いたのと同様に，次のプ

ログラムを実行する.

```
vG = {v:deepcopy(G) for v in range(1,num_vehicles+1)}

for v in range(1,num_vehicles+1):
    for n in [n for n in vG[v]["s"] if n!="t"]:
        vG[v]["s"][n]["weight"] += vehicle_pi[v]
    for e in [e for e in vG[v].edges() if e[0]!="s"]:
        vG[v][e[0]][e[1]]["weight"] -= cargo_lambda[e[0]]

optpath,optpath_length = {},{}
for v in range(1,num_vehicles+1):
    optpath[v] = nx.bellman_ford_path(vG[v],"s","t")
    optpath_length[v] = nx.bellman_ford_path_length(vG[v
        ],"s","t")
```

これを実行することで, 運搬車 $1, 2, 3$ に対するグラフ上の最適 $s-t$ パスとして, 同じ $s \to 3 \to 4 \to t$ を得る. それらのパスのコストも一致し, -123 である. これらは負のコストをもつので, 対応する列をさらに追加する. 前回の反復と同様に, これらのパスの正味のコストを求め, データを c_inc, wv, rcost に追加する. そして, 新しい変数を定義して線形最適化問題に追加する.

```
routes_to_add = []
for v in range(1,num_vehicles+1):
    if optpath_length[v] < -1e-3:
        num_routes += 1
        route_name = "R" + str(num_routes)
        c_inc[route_name] = set(optpath[v][1:-1])
        wv[route_name] = v
        rcost[route_name] = np.cumsum([G[i][j]["weight"]
            for (i,j) in zip(optpath[v][:-1],optpath[v
            ][1:])])[-1]
        routes_to_add += [route_name]
print("routes_to_add:",routes_to_add)

for route in routes_to_add:
    x[route] = pulp.LpVariable("x_"+route,0,1,
        LpContinuous,rcost[route]*obj+lpSum([assign_cstr[i
        ] for i in assign_cstr.keys() if i in c_inc[route
        ]]) + vehicle_used[wv[route]])
```

```
status = VRPsc.solve()
for var in VRPsc.variables():
    if var.varValue > 1e-3:
        print(var.name,"=",var.varValue)
print("status:",LpStatus[status])
print("optimal value:",value(VRPsc.objective))
```

この結果，最適解として x_R2, x_R5, x_R10 が 1 となる．そのときの最適値は 50.0 である．

　ここで，前にも用いたプログラム

```
for cst in VRPsc.constraints:
    print("dual var. for [",cst,VRPsc.constraints[cst
        ],"]:",VRPsc.constraints[cst].pi)
```

を用いることで，この線形最適化問題の双対変数の値は，それぞれ

$$\lambda_1 = 18.0, \quad \lambda_2 = 0.0, \quad \lambda_3 = 9.0,$$
$$\lambda_4 = 7.0, \quad \lambda_5 = 16.0, \quad \lambda_6 = 0.0,$$
$$\pi_1 = 0.0, \quad \pi_2 = 0.0, \quad \pi_3 = 0.0$$

であることがわかる．これらの値を用いて再度グラフの孤のコストを定義し直す．そして，そのグラフ上で最小コストの $s-t$ パスを求め，そのコストが負であれば線形最適化問題の列として追加する．この反復を繰り返す．ある反復において，すべてのグラフ上で負のコストのパスがなければ，反復を終了する．このときの最適値が，線形最適化問題の最適解となっている．

　この例題では，追加するべきルート候補がなくなるまで反復を繰り返した後に，最終的な最適解として

- 運搬車 1: 拠点 $\to 1 \to 2 \to$ 拠点
- 運搬車 2: 拠点 $\to 5 \to 6 \to$ 拠点
- 運搬車 3: 拠点 $\to 3 \to 4 \to$ 拠点

が得られ，そのときの最適値は 50 となる．これで，線形計画緩和の最適解が得られた．

　こうして得られたのは，あくまで線形計画緩和の最適解であり，これがもとの集合分割問題定式化の最適解である保証はない．この例題では，たまたま変数が 0 か 1 の最適解が得られたため，線形計画緩和の最適解はもとの集

合分割問題の最適解となった．しかし，いつもそうなるとは限らず，線形計画緩和の解が 0 と 1 以外の値を取る可能性がある．この場合は，列生成で得られた列[*15] をそのままに，変数に 0-1 制約を追加して（もとに戻して），集合分割問題として解くことで，配送計画問題の近似解を求めることができる

[*15] 列の集合はルート候補の集合に対応している．

参考文献

[1] M. F. ANJOS AND J. B. LASSERRE, eds., *Handbook on Semidefinite, Conic and Polynomial Optimization*, Springer, 2012.

[2] A. BEN-TAL, L. GHAOUI, AND A. NEMIROVSKI, *Robust Optimization*, Princeton Series in Applied Mathematics, Princeton University Press, 2009.

[3] A. DOMAHIDI, E. CHU, AND S. BOYD, *ECOS: An SOCP solver for embedded systems*, in European Control Conference (ECC), 2013, pp. 3071–3076.

[4] A. FRANGIONI AND C. GENTILE, *A computational comparison of reformulations of the perspective relaxation: SOCP vs. cutting planes*, Operations Research Letters, 37 (2009), pp. 206–210.

[5] O. GÜNLÜK AND J. LINDEROTH, *Perspective reformulations of mixed integer nonlinear programs with indicator variables*, Mathematical Programming, 124 (2010), pp. 183–205.

[6] S. IRNICH AND G. DESAULNIERS, *Column Generation*, Springer, 2005, ch. 2, pp. 33–65.

[7] J. LEE AND S. LEYFFER, *Mixed Integer Nonlinear Programming*, Springer, 2011.

[8] H. THOMAS, E. CHARLES, L. RONALD, AND S. CLIFFORD, 世界標準 *MIT* 教科書 | アルゴリズムイントロダクション 第 *3* 版 総合版, 浅野哲夫, 岩野和生, 梅尾博司, 山下雅史 和田幸一 訳, 近代科学社, 2013.

[9] L. WOLSEY, *Integer Programming*, Wiley Series in Discrete Mathematics and Optimization, Wiley, 1998.

[10] 久野誉人, 繁野麻衣子, 後藤順哉, *IT Text* 数理最適化, オーム社, 2012.

[11] 久保幹雄, 松井知己, 組合せ最適化:「短編集」, 朝倉書店, 1999.

[12] 久保幹雄, ロジスティクス工学, 朝倉書店, 2001.

[13] 久保幹雄, J. P. ペドロソ, 村松正和, A. レイス, あたらしい数理最適化: *Python* 言語と *Gurobi* で解く, 近代科学社, 2012.

[14] 小島政和, 土谷隆, 水野眞治, 矢部博, 内点法, 朝倉書店, 2001.

[15] 田村明久, 村松正和, 最適化法, 共立出版, 2002.

[16] 山本芳嗣, 久保幹雄, 巡回セールスマン問題への招待, 朝倉書店, 1997.

索引

著者紹介

小林 和博 （こばやし　かずひろ）

1998 年　東京大学工学部計数工学科卒業
2000 年　東京大学大学院工学系研究科計数工学専攻修士課程修了，修士（工学）
2009 年　博士（理学）
現　在　青山学院大学理工学部准教授

主要著書
『サプライチェーンリスク管理と人道支援ロジスティクス』（共著），近代科学社 (2015)
『航海応用力学の基礎』（共著），成山堂書店 (2015)
『Python 言語によるビジネスアナリティクス——実務家のための最適化・統計解析・機械学習』（共著），近代科学社 (2016)

Python による問題解決シリーズ 2

最適化問題入門
― 錐最適化・整数最適化・ネットワークモデルの組合せによる ―

2020 年 6 月 30 日　　初版第 1 刷発行

著　者　小林 和博
発行者　井芹 昌信
発行所　株式会社近代科学社
　　　　〒162-0843 東京都新宿区市谷田町 2-7-15
　　　　電話 03-3260-6161　振替 00160-5-7625
　　　　https://www.kindaikagaku.co.jp/